国家出版基金项目
NATIONAL PUBLICATION FOUNDATION

"十三五"国家重点图书出版规划项目

国家电网公司
电力科技著作出版项目

新能源并网与调度运行技术丛书

新能源发电调度运行管理技术

黄越辉　王伟胜　董　存　王跃峰　编著

中国电力出版社
CHINA ELECTRIC POWER PRESS

内容提要

当前以风力发电和光伏发电为代表的新能源发电技术发展迅猛，而新能源大规模发电并网对电力系统的规划、运行、控制等各方面带来巨大挑战。《新能源并网与调度运行技术丛书》共 9 个分册，涵盖了新能源资源评估与中长期电量预测、新能源电力系统生产模拟、分布式新能源发电规划与运行、风力发电功率预测、光伏发电功率预测、风力发电机组并网测试、新能源发电并网评价及认证、新能源发电调度运行管理、新能源发电建模及接入电网分析等技术，这些技术是实现新能源安全运行和高效消纳的关键技术。

本分册为《新能源发电调度运行管理技术》，共 6 章，分别为新能源发展和调度运行现状、新能源场站并网运行管理、新能源发电中长期调度、新能源发电日前/日内调度、新能源发电实时监测与控制、新能源调度技术支持系统。全书内容具有先进性、前瞻性和实用性，深入浅出，既有深入的理论分析和技术解剖，又有典型案例介绍和应用成效分析。

本丛书既可作为电力系统运行管理专业人员系统学习新能源并网与调度运行技术的专业书籍，也可作为高等院校电气与动力工程专业师生的参考用书。

图书在版编目（CIP）数据

新能源发电调度运行管理技术 / 黄越辉等编著. —北京：中国电力出版社，2019.9
（2023.3 重印）
（新能源并网与调度运行技术丛书）
ISBN 978-7-5198-1638-4

Ⅰ. ①新… Ⅱ. ①黄… Ⅲ. ①新能源–发电–电力系统调度 Ⅳ. ①TM61

中国版本图书馆 CIP 数据核字（2018）第 299069 号

出版发行：中国电力出版社
地　　址：北京市东城区北京站西街 19 号（邮政编码 100005）
网　　址：http://www.cepp.sgcc.com.cn
策划编辑：肖　兰　王春娟　周秋慧
责任编辑：陈　倩（010-63412512）
责任校对：黄　蓓　朱丽芳
装帧设计：王英磊　赵姗姗
责任印制：石　雷

印　　刷：北京博海升彩色印刷有限公司
版　　次：2019 年 9 月第一版
印　　次：2023 年 3 月北京第三次印刷
开　　本：710 毫米×980 毫米　16 开本
印　　张：10.5
字　　数：187 千字
印　　数：3001—4000 册
定　　价：62.00 元

实现能源转型，建设清洁低碳、安全高效的现代能源体系是我国新一轮能源革命的核心目标，新能源的开发利用是其主要特征和任务。

2006 年 1 月 1 日，《中华人民共和国可再生能源法》实施。我国的风力发电和光伏发电开始进入快速发展轨道。与此同时，中国电力科学研究院决定设立新能源研究所（2016 年更名为新能源研究中心），主要从事新能源并网与运行控制研究工作。

十多年来，我国以风力发电和光伏发电为代表的新能源发电发展迅猛。由于风能、太阳能资源的波动性和间歇性，以及其发电设备的低抗扰性和弱支撑性，大规模新能源发电并网对电力系统的规划、运行、控制等各个方面带来巨大挑战，对电网的影响范围也从局部地区扩大至整个系统。新能源并网与调度运行技术作为解决新能源发展问题的关键技术，也是学术界和工业界的研究热点。

伴随着新能源的快速发展，中国电力科学研究院新能源研究中心聚焦新能源并网与调度运行技术，开展了新能源资源评价、发电功率预测、调度运行、并网测试、建模及分析、并网评价及认证等技术研究工作，攻克了诸多关键技术难题，取得了一系列具有自主知识产权的创新性成果，研发了新能源发电功率预测系统和新能源发电调度运行支持系统，建成了功能完善的风电、光伏试验与验证平台，建立了涵盖风力发电、光伏发电等新能源发电接入、调度运行等环节的技术标准体系，为新能源有效消纳和安全并网提供了有效的技术手段，并得到广泛应用，为支撑我国新能源行业发展发挥了重要作用。

"十年磨一剑。"为推动新能源发展，总结和传播新能源并网与调度运行技术成果，中国电力科学研究院新能源研究中心组织编写了《新能源并网与调度运行技术丛书》。这套丛书共分为 9 册，全面翔实地介绍了以风力发电、光伏发电为代表的新能源并网与调度运行领域的相关理论、技术和应用，丛书注重科学性、体现时代性、突出实用性，对新能源领域的研究、开发和工程实践等都具有重要的借鉴作用。

展望未来，我国新能源开发前景广阔，潜力巨大。同时，在促进新能源发展过程中，仍需要各方面共同努力。这里，我怀着愉悦的心情向大家推荐《新能源并网与调度运行技术丛书》，并相信本套丛书将为科研人员、工程技术人员和高校师生提供有益的帮助。

中国科学院院士
中国电力科学研究院名誉院长
2018 年 12 月 10 日

序 言 2

　　近期得知,中国电力科学研究院新能源研究中心组织编写《新能源并网与调度运行技术丛书》,甚为欣喜,我认为这是一件非常有意义的事情。

　　记得 2006 年中国电力科学研究院成立了新能源研究所(即现在的新能源研究中心),十余年间新能源研究中心已从最初只有几个人的小团队成长为科研攻关力量雄厚的大团队,目前拥有一个国家重点实验室和两个国家能源研发(实验)中心。十余年来,新能源研究中心艰苦积淀,厚积薄发,在研究中创新,在实践中超越,圆满完成多项国家级科研项目及国家电网有限公司科技项目,参与制定并修订了一批风电场和光伏电站相关国家和行业技术标准,其研究成果更是获得 2013、2016 年度国家科学技术进步奖二等奖。由其来编写这样一套丛书,我认为责无旁贷。

　　进入 21 世纪以来,加快发展清洁能源已成为世界各国推动能源转型发展、应对全球气候变化的普遍共识和一致行动。对于电力行业而言,切中了狄更斯的名言"这是最好的时代,也是最坏的时代"。一方面,中国大力实施节能减排战略,推动能源转型,新能源发电装机迅猛发展,目前已成为世界上新能源发电装机容量最大的国家,给电力行业的发展创造了无限生机。另一方面,伴随而来的是,大规模新能源并网给现代电力系统带来诸多新生问题,如大规模新能源远距离输送问题,大量风电、光伏发电限电问题及新能源并网的稳定性问题等。这就要求政策和技术双管齐下,既要鼓励建立辅助服务市场和合理的市场交易机制,使新能源成为市场的"抢手货"，又要增强新能源自身性能，提升新能源的调度运行控制技术水平。如何在保障电网安全稳定运行的前提下，最大化消纳新能源发电，是电力系统迫切需要解决的问题。

这套丛书涵盖了风力发电、光伏发电的功率预测、并网分析、检测认证、优化调度等多个技术方向。这些技术是实现高比例新能源安全运行和高效消纳的关键技术。丛书反映了我国近年来新能源并网与调度运行领域具有自主知识产权的一系列重大创新成果，是新能源研究中心十余年科研攻关与实践的结晶，代表了国内外新能源并网与调度运行方面的先进技术水平，对消纳新能源发电、传播新能源并网理念都具有深远意义，具有很高的学术价值和工程应用参考价值。

这套丛书具有鲜明的学术创新性，内容丰富，实用性强，除了对基本理论进行介绍外，特别对近年来我国在工程应用研究方面取得的重大突破及新技术应用中的关键技术问题进行了详细的论述，可供新能源工程技术、研发、管理及运行人员使用，也可供高等院校电力专业师生使用，是新能源技术领域的经典著作。

鉴于此，我特向读者推荐《新能源并网与调度运行技术丛书》。

中国工程院院士

国家电网有限公司顾问

2018 年 11 月 26 日

　　进入 21 世纪，世界能源需求总量出现了强劲增长势头，由此引发了能源和环保两个事关未来发展的全球性热点问题，以风能、太阳能等新能源大规模开发利用为特征的能源变革在世界范围内蓬勃开展，清洁低碳、安全高效已成为世界能源发展的主流方向。

　　我国新能源资源十分丰富，大力发展新能源是我国保障能源安全、实现节能减排的必由之路。近年来，以风力发电和光伏发电为代表的新能源发展迅速，截至 2017 年底，我国风力发电、光伏发电装机容量约占电源总容量的 17%，已经成为仅次于火力发电、水力发电的第三大电源。

　　作为国内最早专门从事新能源发电研究与咨询工作的机构之一，中国电力科学研究院新能源研究中心拥有新能源与储能运行控制国家重点实验室、国家能源大型风电并网系统研发（实验）中心和国家能源太阳能发电研究（实验）中心等研究平台，是国际电工委员会 IEC RE 认可实验室、IEC SC/8A 秘书处挂靠单位、世界风能检测组织 MEASNET 成员单位。新能源研究中心成立十多年来，承担并完成了一大批国家级科研项目及国家电网有限公司科技项目，积累了许多原创性成果和工程技术实践经验。这些成果和经验值得凝练和分享。基于此，新能源研究中心组织编写了《新能源并网与调度运行技术丛书》，旨在梳理近十余年来新能源发展过程中的新技术、新方法及其工程应用，充分展示我国新能源领域的研究成果。

　　这套丛书全面详实地介绍了以风力发电、光伏发电为代表的新能源并网及调度运行领域的相关理论和技术，内容涵盖新能源资源评估与功率预测、建模与仿真、试验检测、调度运行、并网特性认证、随机生产模拟及分布式发电规划与运行等内容。

根之茂者其实遂，膏之沃者其光晔。经过十多年沉淀积累而编写的《新能源并网与调度运行技术丛书》，内容新颖实用，既有理论依据，也包含大量翔实的研究数据和具体应用案例，是国内首套全面、系统地介绍新能源并网与调度运行技术的系列丛书。

我相信这套丛书将为从事新能源工程技术研发、运行管理、设计以及教学人员提供有价值的参考。

中国工程院院士
中国电力科学研究院院长
2018 年 12 月 7 日

前　言

　　风力发电、光伏发电等新能源是我国重要的战略性新兴产业，大力发展新能源是保障我国能源安全和应对气候变化的重要举措。自 2006 年《中华人民共和国可再生能源法》实施以来，我国新能源发展十分迅猛。截至 2018 年底，风电累计并网容量 1.84 亿 kW，光伏发电累计并网容量 1.72 亿 kW，均居世界第一。我国已成为全球新能源并网规模最大、发展速度最快的国家。

　　中国电力科学研究院新能源研究中心成立至今十余载，牵头完成了国家 973 计划课题《远距离大规模风电的故障穿越及电力系统故障保护》（2012CB21505），国家 863 计划课题《大型光伏电站并网关键技术研究》（2011AA05A301）、《海上风电场送电系统与并网关键技术研究及应用》（2013AA050601），国家科技支撑计划课题《风电场接入电力系统的稳定性技术研究》（2008BAA14B02）、《风电场输出功率预测系统的开发及示范应用》（2008BAA14B03）、《风电、光伏发电并网检测技术及装置开发》（2011BAA07B04）和《联合发电系统功率预测技术开发与应用》（2011BAA07B06），以及多项国家电网有限公司科技项目。在此基础上，形成了一系列具有自主知识产权的新能源并网与调度运行核心技术与产品，并得到广泛应用，经济效益和社会效益显著，相关研究成果分别获 2013 年度和 2016 年度国家科学技术进步奖二等奖、2016 年中国标准创新贡献奖一等奖。这些项目科研成果示范带动能力强，促进了我国新能源并网安全运行与高效消纳，支撑中国电力科学研究院获批新能源与储能运行控制国家重点实验室，新能源发电调度运行技术团队入选国家"创新人才推进计划"重点领域创新团队。

为总结新能源并网与调度运行技术研究与应用成果，分析我国新能源发电及并网技术发展趋势，中国电力科学研究院新能源研究中心组织编写了《新能源并网与调度运行技术丛书》，以期在全国首次全面、系统地介绍新能源并网与调度运行技术，为新能源相关专业领域研究与应用提供指导和借鉴。

本丛书在编写原则上，突出以新能源并网与调度运行诸环节关键技术为核心；在内容定位上，突出技术先进性、前瞻性和实用性，并涵盖了新能源并网与调度运行相关技术领域的新理论、新知识、新方法、新技术；在写作方式上，做到深入浅出，既有深入的理论分析和技术解剖，又有典型案例介绍和应用成效分析。

本丛书共分 9 个分册，包括《新能源资源评估与中长期电量预测》《新能源电力系统生产模拟》《分布式新能源发电规划与运行技术》《风力发电功率预测技术及应用》《光伏发电功率预测技术及应用》《风力发电机组并网测试技术》《新能源发电并网评价及认证》《新能源发电调度运行管理技术》《新能源发电建模及接入电网分析》。本丛书既可作为电力系统运行管理专业员工系统学习新能源并网与调度运行技术的专业书籍，也可作为高等院校电气与动力工程专业师生的参考用书。

本分册是《新能源发电调度运行管理技术》。第 1 章介绍了新能源发展现状和新能源调度运行现状，分析我国新能源调度和消纳面临的问题。第 2 章介绍了新能源场站并网运行管理，包括并网流程、并网技术要求和调度运行管理要求。第 3～5 章分别介绍了新能源发电中长期调度、新能源发电日前/日内调度、新能源发电实时监测与控制。第 6 章介绍了新能源调度技术支持系统及应用实例。本分册的研究内容得到了国家重点研发计划项目《多能源电力系统互补协调调度与控制》（项目编号：2017YFB0902200）的资助。

本分册由黄越辉、王伟胜、董存、王跃峰编著，其中，第 1 章由王伟胜编写，第 2 章由董存编写，第 3 章、第 4 章由黄越辉编写，第 5 章、第 6 章由王跃峰编写。全书编写过程中得到了许晓艳、礼晓飞、高云峰、杨硕的大力协助，范高锋对全书进行了审阅，提出了修改意见和完善建议。本丛书还得到了中国科学院院士、中国电力科学研究院名誉院长周孝信，中国工程院院士、国家电网有限公司顾问黄其励，中国工程院院士、中国电力科学研究院院长郭剑波的关心和支持，并欣然为丛书作序，在此一并深表谢意。

《新能源并网与调度运行技术丛书》凝聚了科研团队对新能源发展十多年研究的智慧结晶，是一个继承、开拓、创新的学术出版工程，也是一项响应国家战略、传承科研成果、服务电力行业的文化传播工程，希望其能为从事新能源领域的科研人员、技术人员和管理人员带来思考和启迪。

科研探索永无止境，新能源利用大有可为。对书中的疏漏之处，恳请各位专家和读者不吝赐教。

作　者

2019 年 6 月

目　录

新能源发展和调度运行现状

1.1 新能源发展现状

全球可用于发电的能源主要有煤炭、石油、天然气、核能等不可再生能源，以及水能、风能、太阳能、地热能、海洋能、生物质能等可再生能源。煤炭、石油、天然气等又属化石能源。随着化石能源的大规模开发利用，其资源的储藏量不断下降，而且化石能源对环境的影响大，世界各国对化石能源在使用过程中带来的污染排放标准日益提高。以水能、风能、太阳能为主的可再生能源资源总量丰富，商业化开发技术成熟，发展潜力巨大。风能、太阳能是新能源中商业开发成熟度最高、开发规模最大的能源种类，本书所述新能源主要指风力发电和太阳能光伏发电。

1.1.1 世界新能源发展现状

从第一次工业革命开始，世界能源消费总量不断增长，能源结构不断变化。19世纪之前，人类使用的能源以薪柴为主，随着工业革命的推进，特别是蒸汽机的改良和大规模应用，煤炭使用比例大幅上升。进入20世纪后，随着内燃机在汽车、火车和飞机上的使用，石油、天然气开始成为主要能源。20世纪60年代，石油超过煤炭成为世界第一大能源，石油使用比例于1973年达到峰值。20世纪七八十年代经历两次石油危机之后，世界能源发生了深刻变革，总体上形成煤炭、石油、天然气三分天下，以及新能源快速发展的新格局。

20世纪90年代以来，风电技术不断取得突破，可用于商业化的兆瓦级风电机组不断涌现，风电开发成本不断下降。近年来，风电开发成本已逐渐接近传统能源发电成本，越来越多的国家将风电纳入本国能源发展战略，并制定了发展规划。截至 2017 年底，中国、美国和德国风电装机居全球前三，分别达 1.64、0.88、0.56 亿 kW。2006～2017 年各国风电累计装机容量如图 1-1 所示。

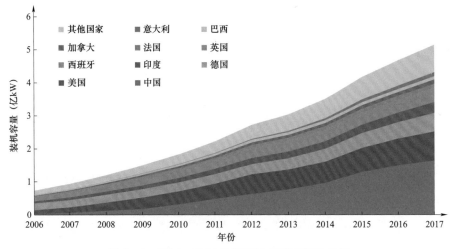

图 1-1　2006～2017 年各国风电累计装机容量

太阳能是世界上资源量最大、分布最广泛的可再生能源。地球上的化石能源、水能、风能等大部分能源均来自太阳能。太阳能最直接的利用形式是太阳能发电，包括光伏发电和光热发电两种发电形式。21 世纪以来，随着光伏电池和光热发电储热材料成本的快速下降，太阳能发电呈现快速发展势头，超过风电成为增长速度最快的可再生能源发电。随着未来技术提高和成本下降，太阳能发电发展潜力巨大，将成为世界未来最主要的发电形式。近年来全球太阳能发电发展最快的国家是中国和日本，截至 2017 年底，中国、日本和美国太阳能发电装机居全球前三，分别达 1.31、0.49、0.43 亿 kW。2006～2017 年各国太阳能发电累计装机容量如图 1-2 所示。

2016 年，全世界风电发电总量 9579 亿 kWh，10 年来年均增长 22%；全世界太阳能发电量达 3290 亿 kWh，10 年来年均增长 49%。2006～2016 年全球风电和太阳能发电量分别如图 1-3 和图 1-4 所示。

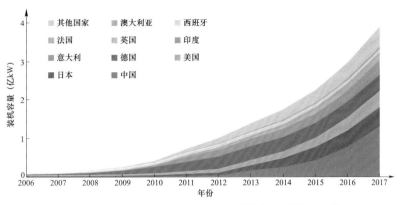

图1-2　2006～2017年各国太阳能发电累计装机容量

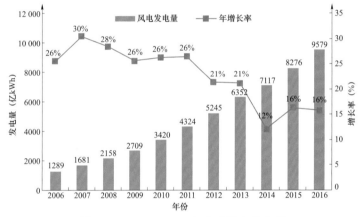

图1-3　2006～2016年全球风电发电量

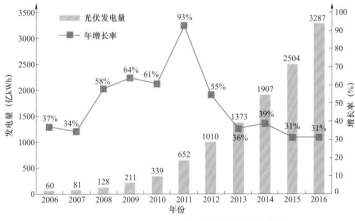

图1-4　2006～2016年全球太阳能发电量

1.1.2 我国新能源发展现状

在国家能源战略引领和政策驱动下,我国新能源发电行业从无到有、从小到大,在能源结构优化和绿色发展转型中发挥了重要作用。经过近 20 年的努力,我国新能源发展走在了世界前列。截至 2018 年底,我国风电、光伏发电装机容量合计达到 3.6 亿 kW,占全球 1/4,风电、光伏发电装机容量均位居世界第一。新能源发电设备制造、功率预测、试验检测、并网运行等技术已达国际先进水平。在新能源发展过程中,由于技术、管理、政策、机制等问题的制约,新能源并网安全运行矛盾突出,消纳问题也逐步显现。

1.1.2.1 新能源装机规模持续增长

新能源的发展与政策和经济社会发展密切相关。从新能源发展来看,我国风电和光伏发电都经历了 3 个阶段。风电分为发展初期(2006 年之前)、爆发式发展期(2006～2011 年)、平稳增长期(2011 年至今)。光伏发电分为发展初期(2009 年之前)、小规模发展期(2009～2012 年)、爆发式发展期(2012 年至今)。

1986 年,我国第一个商业化并网风电场——马兰风电场在山东荣成并网发电。针对我国风电装备技术水平不高、设备国产化程度低、开发成本高等问题,1994～1996 年国家经济贸易委员会和国家计划委员会开展了"双加工程"和"乘风计划",初步具备 600kW 级商业化风力发电机组的生产能力,完成达坂城、张北、辉腾锡勒和括苍山 4 个风电场建设,总装机容量达 8.4 万 kW。至此,我国风电发展逐渐起步。

在风电发展初期,由于风电开发成本大于火电、水电等常规电源,2003～2005 年,我国逐年开展风电特许权项目招标,通过招标确定风电上网电价,促进风电开发,涉及 9 个项目共计 130 万 kW 风电装机容量。2006 年 1 月 1 日《中华人民共和国可再生能源法》施行后,国家制定了新能源发电上网电价、补贴、税收优惠、优先上网等一系列措施,受政策利好刺激,风电呈爆发式发展,2006～2009 年连续 4 年风电装机容量增长率接近100%。受 2011～2012 年大规模风电脱网事故影响,国家加强了风电并网管理,后又因电网结构、调峰等因素制约,风电限电现象开始出现,风电投资热情和装机容量增长率开始逐渐趋于理性和平稳,但风电装机规模仍不断增长。2012 年，我国风电装机容量超过美国，成为世界第一大国。2015年，风电装机容量突破 1 亿 kW。2016 年，我国风电发电量 2410 亿 kWh，电量占比达 4%，首次超过美国，居全球第一。2018 年底，我国风电装机容量达到 1.84 亿 kW。2000～2018 年我国风电装机容量如图 1–5 所示。

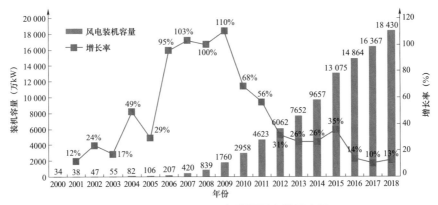

图 1–5　2000～2018 年我国风电装机容量

　　我国光伏发电最早始于 20 世纪 60 年代，主要用于为卫星提供电力，之后的地面光伏发电项目，主要以解决无电地区供电为主。我国光伏工业在 20 世纪 80 年代以前尚处于雏形，光伏电池的年产量一直在 1 万 kW 以下。2002 年，国家计划委员会启动"西部省区无电乡通电计划"❶，通过光伏和小型风力发电解决西部七省区（西藏、新疆、青海、甘肃、内蒙古、陕西和四川）700 多个无电乡的用电问题，共新增光伏装机容量 1.6 万 kW。2006 年《中华人民共和国可再生能源法》施行后，由于没有配套的财政政策支持，光伏发电未获大规模开发。2008 年全球爆发金融危机和欧债危机，国内光伏设备出口下滑，2009 年国家能源局和住建部分别开展"金太阳示范工程"❷和"光电建筑应用示范"❸，带动了国内光伏发电发展。2011

---

　　❶　为解决边远贫困地区的通电问题，国家于 2002 年启动该计划，建设多座光伏电站、风光互补电站以及小型水电站，使我国的县、乡通电率基本达到 100%。

　　❷　为促进我国光伏发电产业技术进步和规模化发展，"金太阳示范工程" 2009 年开始，2011 年结束。纳入的项目原则上按光伏发电系统及其配套输配电工程总投资的 50% 给予补助，偏远无电地区按总投资的 70% 给予补助。

　　❸　该政策支持开展光电建筑应用示范，实施"太阳能屋顶计划"，对符合条件的予以补助，以部分弥补光伏发电应用的初始投入。

年美国商务部正式立案对产自中国的光伏电池进行"双反"调查，2012年欧盟委员会发布公告，对从中国进口的光伏板、光伏电池以及其他光伏组件发起反倾销调查。"光伏双反"对我国的光伏产品出口造成了较大影响，光伏产业陷入困境。为促进光伏产业发展，2013年国务院发布《国务院关于促进光伏产业健康发展的若干意见》（国发〔2013〕24号）。同年国家发展改革委出台《国家发展改革委关于发挥价格杠杆作用促进光伏产业健康发展的通知》（发改价格〔2013〕1638号），相应制定光伏电站标杆上网电价，极大地刺激了光伏发电发展。截至2018年底，我国光伏装机容量达1.75亿kW。2000～2018年我国光伏发电装机容量如图1-6所示。

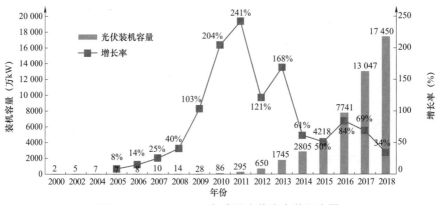

图1-6　2000～2018年我国光伏发电装机容量

1.1.2.2　新能源发电量稳步提高

随着新能源装机的高速增长，新能源发电量同步快速增加。风电和光伏发电量由2011年的748亿kWh增长为2018年的5435亿kWh，占全部发电量的比例由1.6%提高至7.7%，如图1-7所示。其中，风电发电量由2011年的741亿kWh增长为2018年的3660亿kWh，光伏发电量由2011年的7亿kWh增长为2018年的1775亿kWh（见图1-8和图1-9）。2018年我国风电、光伏发电、水电、核电、生物质发电等非化石能源消费比重由2015年的12.1%增长至2018年的14.3%，预计2019年有望达到15%。

图 1-7 2011~2018 年我国新能源发电量及占比

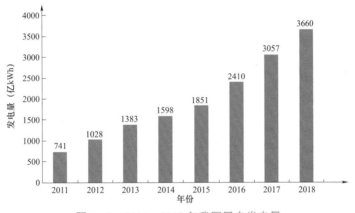

图 1-8 2011~2018 年我国风电发电量

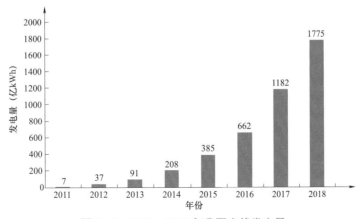

图 1-9 2011~2018 年我国光伏发电量

1.1.2.3 新能源消纳问题逐渐显现

随着新能源装机容量日益增长，消纳问题开始显现。受电源灵活性不足、电网输送能力受限、机制不完善等多种因素制约，我国新能源发电量和占比逐年提高的同时，新能源限电现象时有发生，2009 年甘肃因电网输送能力约束首次出现风电限电，2013 年甘肃首次出现光伏限电，之后新能源限电范围在全国逐渐扩大。

受国家促进新能源消纳的具体相关措施影响，2017 年和 2018 年，新能源限电量和限电率连续实现双降，风电限电率下降至 7%，光伏限电率下降至 3%，如图 1－10 和图 1－11 所示。

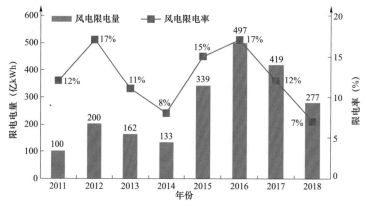

图 1－10　2011～2018 年我国风电限电量和限电率

图 1－11　2011～2018 年我国光伏限电量和限电率

风电、光伏发电利用小时数在 2013～2016 年持续下降后得到回升。风电小时数 2018 年创历史新高，为 2095h，2015 年达到最低，1728h；光伏发电小时数 2012 年达到最高，1395h，2016 年达到最低，1092h（见图 1－12）。

图 1－12　2011～2018 年我国新能源发电小时数

1.2　新能源调度运行现状

中国、美国、德国是世界新能源发电装机容量排名前三的国家，这三个国家的新能源运行水平代表目前世界上最先进水平。本节主要介绍美国、德国以及我国的新能源运行现状。

1.2.1　国外新能源调度运行现状

1.2.1.1　美国新能源运行

美国大部分州在可再生能源配额制的激励下，采用新能源完全自由参与市场的运行模式。该模式下，新能源和常规电源一样看待，直接参与电力市场，没有额外的补贴和优待，且承担类似于常规电源的电力系统平衡义务。该模式的实行主要有以下背景：一是美国有可再生能源配额制的框架约束，电力公司有义务购入一定比例的新能源发电。一般而言，电力公司与风电场开发商签订长期合约，电力公司以合约约定的价格支付风电开发商，保障风电项目收益。而电力公司再将这部分风电电量在市场上售卖，风电自由参与市场竞争。二是没有长期合约可签的风电场直接参与电力市

9

场，收益存在一定的不确定性。三是美国风资源条件好，部分地区风电成本与燃气及其他常规电源成本具有可比性，同时考虑未来燃料价格上涨等风险，电力公司有意愿购入新能源发电，并在电力市场中售卖。在美国德克萨斯州批发电力市场中，风电场与其他常规电厂一样，可通过双边合同协议、日前市场和实时市场参与市场交易，并承担相应的责任。同时，考虑风电自身特点，风电场不参与日前市场和辅助服务市场中的辅助服务竞卖。德克萨斯州电网运营商 ERCOT 统一负责由风电波动和预测误差等带来的系统平衡问题，通过开启可快速启动的燃气机组，调用非旋转备用和旋转备用辅助服务以及执行紧急电力削减计划来应对新能源带来的系统紧急事件。

美国无补贴的新能源直接参与电力市场模式，消除了新能源发电的特殊性，回归其作为能源商品的普遍性，有利于激励新能源发电根据市场供需情况调整自身出力，减轻系统运行压力，同时创造公平、公正的市场环境，适用于新能源发电已经具有较强市场竞争力的情况，代表未来新能源参与电力市场的发展方向。但是，由于新能源发电边际成本低，将可能拉低批发市场边际电价，影响其他发电主体的盈利，因此需要建立完善的电力市场架构，保证各方利益，保障系统安全。

美国在发展新能源时也遇到过风电限电问题，但通过不断调整相关政策，逐渐解决了风电限电问题。如美国德州由于电网阻塞，从 2007 年开始风电限电量逐年增加，2009 年风电限电率达 17%。后通过新建输电线路（利用减税促使开发商投资 68 亿美元新建送往德州西部的输电线路）、改革价格机制（从区域定价变为节点定价）、精细化调度（调度/市场结算周期由每 15min 提高至每 5min）、提升风电功率预测精度等多种手段解决风电限电问题，2013 年风电限电率降至 1.6%❶。美国主要电网公司 2007～2013 年风电限电情况如图 1–13 所示。

美国新能源运行较好主要受益于其以燃气发电为主的电源结构。美国自开展页岩气革命以来，天然气产量持续增长，2017 年已达 736 亿立方英

❶ 2013 年后，美国基本解决了大规模风电限电问题，对于风电限电数据的披露较少。

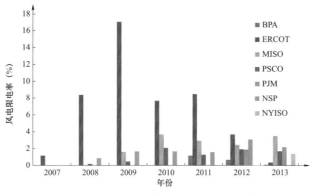

图 1-13　美国主要电网公司风电限电情况

尺/天（7607 亿 m³/年），如图 1-14 所示。在产量增长的同时，天然气价格大幅下降，2017 年达到售价 3.01 美元每百万英国热力单位❶（相当于售价 540 元人民币每吨标准煤热量），已具备与煤电竞争的价格优势。另外，由于天然气发电启停和调节灵活性大大高于煤电，可以做到每小时内启停调峰，在应对风电、光伏发电等新能源带来的电力平衡问题时尤为得力，在现货市场中盈利的能力也大大强于煤电。因此近年来美国煤电机组开始逐步退役，天然气发电装机规模不断增长。以加州为例，2017 年 9 月天然气发电装机容量达 3800 万 kW，风电、光伏发电装机容量 1600 万 kW，煤电装机容量只有 57 万 kW（见图 1-15）。以灵活调节电源为主的电源结构，促进了美国新能源的发展和消纳。

图 1-14　1975～2017 年美国天然气日均产量

---

❶　在北美地区，英国热力单位常常被用来描述燃料的热值。1t 煤的热量相当于 2.406×10⁷ 英国热力单位。

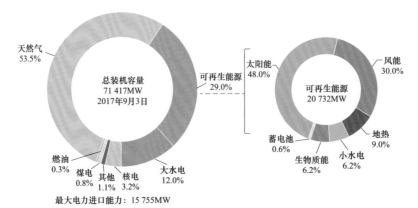

图 1-15　2017 年美国加州电源装机情况

1.2.1.2　德国新能源运行

德国电网在完善的电力市场机制下运行。德国电力市场大体分为四部分：日前市场、日内市场、远期市场、备用市场。前三者由欧洲电力交易所 EPEX 和欧洲能源交易所 EEX 运行，备用市场一般由电力运营商（transmission system operator，TSO）运行。德国电量交易部分是在场外以双边交易的形式开展，部分是在电量交易所进行，图 1-16 为德国电力市场各类交易时间要求。

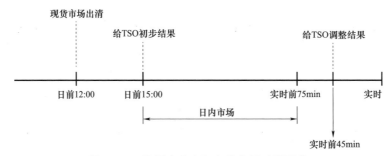

图 1-16　德国电力市场各类交易时间要求

德国新能源参与电力市场和获得补贴的方式，主要有两种模式：新能源不参与竞价交易的固定上网电价模式，有溢价补贴的新能源直接参与电力市场模式。

新能源不参与竞价交易的固定上网电价模式中，TSO 在电力市场中优先收购新能源电力，但结算按照政府规定的固定上网电价结算，该电价不随日前、日内电力市场电力价格波动变化，政府对用电用户收取一定的额外电费补贴新能源发电企业。有溢价补贴的新能源直接参与电力市场模式中，新能源发电直接参与电力市场交易，同时在市场价格基础上获得一部分额外的溢价补贴，且承担类似于常规电源的电力系统平衡义务，该补贴也由政府向用电用户以额外电费的方式收取。

随着新能源发展规模的快速增大，新能源发电的波动性导致了电网运行压力持续增大，基于固定上网电价的新能源补贴额度也持续攀升。德国为控制新能源发电补贴成本上升及由此带来的居民电价大幅上涨，缓解大规模新能源并网条件下的电网运行压力，自 2012 年引入有溢价补贴的新能源直接参与电力市场模式。德国的新能源政策逐步转为对新能源提供溢价补贴的方式，推动新能源参与市场交易。

采用有溢价补贴的新能源发电，必须参与类似于常规电源的调度平衡，在日前市场关闭前，基于天气预报对新能源的发电出力进行预测和报价，让新能源发电纳入电力电量平衡。对于由新能源发电波动等不平衡功率造成的辅助服务成本由调度机构支付，费用分摊至所有用电用户。德国采用固定上网电价机制或有溢价补贴机制的可再生能源发电在电力市场中的调度关系如图 1-17 所示。

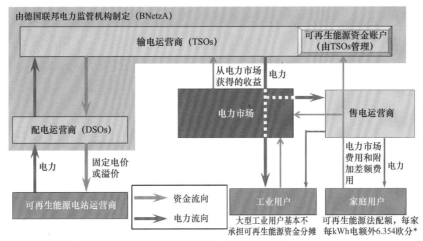

* 2010年2.047欧分，2012年3.59欧分，2013年5.227欧分，2016年6.354欧分。

图 1-17　德国采用固定电价或市场溢价机制的
电力市场中可再生能源发电的调度关系

由于新能源必须依靠功率预测才能预知其未来的发电情况，且比较准确的预测时长通常不超过 3 天，因此德国及其他欧洲电力市场，新能源均通过参与日前、日内电力现货市场进行交易。随着新能源装机容量的不断增大，电力现货市场交易电量也日益增大。德国 2005 年月均日前市场交易电量约为 70 亿 kWh，2014 年底已增长至 250 亿 kWh，占全部发电量的 60%（见图 1 - 18）。

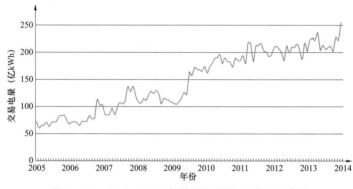

图 1 - 18　2005～2014 年德国月平均日前交易电量

德国自发展新能源以来，基本没有出现过新能源限电现象。2017 年 4 月 30 日德国创下本国可再生能源利用新纪录——当天有 85% 的电力消费来自风电、太阳能发电、生物质能发电和水电等可再生能源。数据显示，4 月 30 日当地时间 12 时（德国夏令时与中国时差 6h），太阳能发电、风电、生物质发电、水电、储能等可再生能源出力达到 5573 万 kW，占当时用电负荷（5820 万 kW）的 95.76%，相当于全德国用电基本由可再生能源提供。

德国能够实现新能源的最大化消纳，主要取决于灵活的电力现货市场机制、强有力的电源调节能力、坚强的跨国输电网络和先进的新能源调度运行技术。

1. 灵活的电力现货市场机制

德国建立了新能源市场竞价和政府补贴相结合的市场化消纳机制。电力市场竞争实际是边际成本的竞争。新能源由于其发电边际成本低，在市场竞争中具有绝对优势，新能源参与市场可以实现优先发电。德国新能源主要参与日前、日内现货市场。新能源按照 0 电价参与竞价（不足部分由政府补贴），以保障优先上网。当新能源出力高时，电力市场的出清电价下降，甚至出现负电价，受电价影响，水电、火电、燃油燃气发电等尽可能降低出力；当新能源出力低时，电力市场出清电价大幅上涨，刺激各类灵活电源尽最大能力发出电力。

以 2017 年 4 月 25～30 日为例，风电、光伏发电大发时电价降低，低出力时电价升高，日前市场最高出清电价发生在当地时间 4 月 26 日 14:00，电价为 0.053 欧元（0.41 元人民币）/kWh，日前市场最低电价发生在 4 月 30 日 20:00，电价为 −0.075 欧元（−0.57 元人民币）/kWh，如图 1−19 所示。由于新能源出力的不确定性，日内实时电价甚至低至 −0.111 欧元（−0.85 元人民币）/kWh，相当于发电商每发 1kWh 电，还需要向市场支付 0.85 元人民币。受日前、日内电力现货市场价格机制刺激，德国常规电源均有非常大的意愿进行灵活性改造，以便在电价低时尽量减小出力，电价高时尽快增加出力。

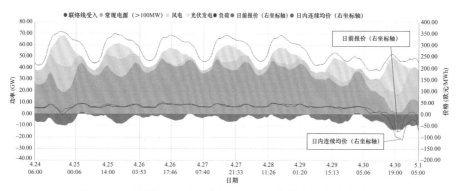

图 1−19 德国 2017 年 4 月 25～30 日各类电源出力和电价

虽然在新能源迅猛发展的同时，德国电力市场出清电价稳中有降，但由于新能源补贴，用户终端销售电价持续上涨。由于目前新能源发电的综合成本仍然较高，发展新能源势必带来整体发电成本的上涨，最终体现在终端销售电价中。德国销售电价中可再生能源分摊费持续上涨。以居民电价为例，可再生能源分摊费从 2004 年的 0.005 1 欧元（0.039 元人民币)/kWh 上涨至 2016 年的 0.063 54 欧元（0.486 元人民币）/kWh，占居民电价的比

新能源发电调度运行管理技术

例达 21.2%，同时居民电价上涨 60%（见图 1-20）。

图 1-20　德国 2005～2016 年电价

2. 强有力的电源调节能力

德国灵活调节电源与新能源装机容量的比值并不高，约 0.4:1，但常规煤电调节能力非常强。以 2017 年 4 月 25～30 日为例，德国太阳能发电、风电出力大时，抽水蓄能、燃气发电、褐煤发电、硬煤发电甚至核电均参与调节。其中 4 月 30 日燃气发电最低降至本周最高出力的 18%，褐煤发电最低降至本周最高出力的 34%，核电最低降至本周最高出力的 63%，硬煤发电最低降至本周最高出力的 10%（见图 1-21）。

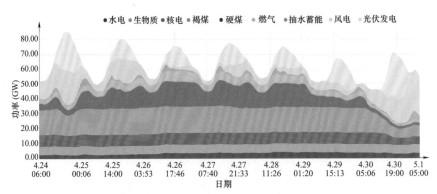

图 1-21　德国 2017 年 4 月 25～30 日各类电源发电出力

承担调峰主力的硬煤发电在 18h 内从 1563 万 kW 降至 514 万 kW，又在 1 天后降至 186 万 kW。如图 1-22 所示，当 5 月 2 日风电出力减小后，硬煤发电在 6h 内由 350 万 kW 增加至 956 万 kW。硬煤出力从 4 月 28 日 1563 万 kW，到 4 月 30 日最小出力 176 万 kW，再到 5 月 3 日出力重回 1361 万 kW，总时间仅为 5 天半。

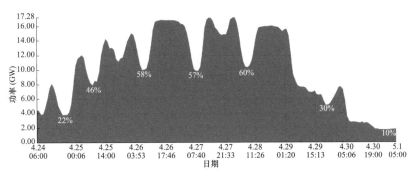

图 1-22　2017 年 4 月 25～30 日德国硬煤发电出力

3. 坚强的跨国输电网络

新能源利用率高的国家，通常与相邻区域有充足的电网连接。与德国（DE）接壤的国家共计 9 国——丹麦（DK）、波兰（PL）、捷克（CZ）、奥地利（AT）、瑞士（CH）、法国（FR）、卢森堡（LU）、比利时（BE）及荷兰（NL）。跨国间的输电网主要由 380～400kV 线路组成；220～285kV 输电线路作为辅助。其中 380～400kV 线路总计 28 条，220～285kV 输电线路 31 条（见图 1-23）。图中英文为各个国家英文简称，数字代表联络线条数。

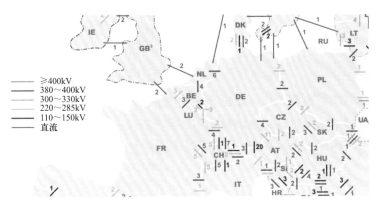

图 1-23　德国电网与周边联络线情况

当德国风电、光伏出力较大时，除依靠本国常规电源进行调节外，还加大电力出口的力度。同样以 2017 年 4 月 30 日为例，最大出口电力达 1336 万 kW，相当于有 80% 的风电（当时风电出力 1675 万 kW）或 45% 的太阳能发电（当时太阳能发电出力 2976 万 kW）送往国外。2017 年，德国全年总发电量 5499 亿 kWh，用电量 4932 亿 kWh。其中进口电量 269 亿 kWh，占用电量的 5.5%；出口电量 798 亿 kWh，占用电量的 16.2%。风、光发电量占全国总发电量的 26%（见图 1-24）。

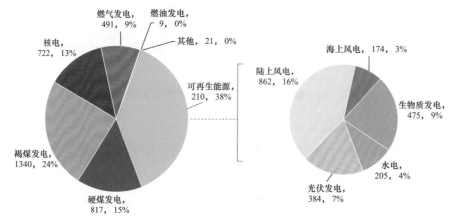

图 1-24　2017 年德国各类电源发电量（单位：亿 kWh）

4. 先进的新能源调度运行技术

电力系统消纳新能源的基础是新能源功率预测。在德国，基于天气预报的新能源功率预测商业化程度较高。各大电网公司以及电力供求各方皆会购买来自专业机构的、时间地点高度精确的新能源功率预测服务。

以德国 50Hertz 电力公司❶为例，全网日前风电功率预测均方根误差可以达到 2%～4%，太阳能可达 5%～7%。大型新能源场站（如海上风电场）也要开展功率预测工作，根据预测发电能力参与市场竞争。

德国电网通过各输电网控制中心和上百个配电网控制中心实现对风电场的实时调度。风电场实时数据直接上传至配电网控制中心。根据德国《可

---

❶　德国有 4 家输电网公司，分别为 50Hertz、Amprion、TenneT 和 Transnet BW，每家公司相当于一个调度控制区。

再生能源法》的规定，所有容量大于 100kW 的可再生能源发电设备必须具备遥测和遥调的技术条件，才允许并入互联电网。当输电网运营商的输电线路存在阻塞，其首先给下属配电网调度机构下发限电指令，令其限制一定份额的发电电力。然后配电网或者直接限制连接在本网的可再生能源电力，或者再给其下属的电网调度中心指令，令其限制一定份额的发电电力。虽然德国新能源出力已达到很高比例，但灵活的市场及调度运行机制使得电网运行安全依然可以得到保证。

1.2.2　我国新能源调度运行管理现状

我国 2006 年发布实施的《中华人民共和国可再生能源法》第十四条明确规定："电网企业应当与依法取得行政许可或者报送备案的可再生能源发电企业签订并网协议，全额收购其电网覆盖范围内可再生能源并网发电项目的上网电量，并为可再生能源发电提供上网服务"。2009 年法案修正后，第十四条修改为："国家实行可再生能源发电全额保障性收购制度。国务院能源主管部门会同国家电力监管机构和国务院财政部门，按照全国可再生能源开发利用规划，确定在规划期内应当达到的可再生能源发电量占全部发电量的比重，制定电网企业优先调度和全额收购可再生能源发电的具体办法，并由国务院能源主管部门会同国家电力监管机构在年度中督促落实。电网企业应当与按照可再生能源开发利用规划建设、依法取得行政许可或者报送备案的可再生能源发电企业签订并网协议，全额收购其电网覆盖范围内符合并网技术标准的可再生能源并网发电项目的上网电量。发电企业有义务配合电网企业保障电网安全。电网企业应当加强电网建设，扩大可再生能源电力配置范围，发展和应用智能电网、储能等技术，完善电网运行管理，提高吸纳可再生能源电力的能力，为可再生能源发电提供上网服务"。

新能源在装机容量较低时，其对调度运行的影响非常有限。随着装机容量的增大，新能源发电出力占总发电出力的比例不断增大，电网调度运行面临前所未有的挑战。我国最早于 2008 年开始新能源优化调度技术的实用化研究，将风电功率预测纳入电力调度计划。2008 年研发国内首套风电功率预测系统，2009 年研发国内首套风电优化调度系统，并分别在吉林省调示范应用。之后，光伏功率预测系统、新能源监测与调度系统、新能源理论功率评估系统、新能源生产模拟系统等多个新能源调度技术支持系统研发应用。截至 2017 年底，省级以上调度机构均部署了新能源实时监测、功率预测和调度计划模块，且"三北"（华北、西北、东北）新能源富集省区均建设了风电和光伏自动发电控制（automatic generation control，AGC）功能，可在电网具备消纳空间时及时上调新能源出力，提高消纳水平。根据多年运行统计，省级电网范围新能源功率预测月均方根误差为 8%～18%，预测技术水平整体与国外领先水平相当。新能源调度技术支持系统将新能源消纳空间平均利用率由 71%提升至 95%，2013～2015 年累计多消纳新能源电量 300 多亿 kWh，为保障我国电网安全运行与新能源消纳提供坚强支撑。

此外，在管理手段方面，为促进新能源优先上网和最大化消纳，国家电网公司 2010 年发布 Q/GDW 432—2010《风电调度运行管理规范》，2012年发布《国家电网公司风电优先调度工作规范》（国家电网调〔2012〕1938号），并于 2013 年升级为 Q/GDW 11065—2013《新能源优先调度工作规范》，建立新能源优先调度体系。南方电网公司 2018 年发布《南方电网公司 2018年清洁能源调度工作方案》及《南方电网清洁能源调度操作规则（试行）》，从调度操作层面制定了 41 条消纳清洁能源的具体措施，首次把清洁能源调度工作制度化、规范化。新能源优先调度体系在 2012 年基本覆盖我国"三北"地区，并实现 2013～2014 年风电限电量和限电率连续两年下降。2015年开始，受装机过剩、电源调节能力不足、电网输电能力有限等因素影响，新能源限电量又持续增加。

各级调度机构根据新能源优先调度工作相关要求，在制定中长期计划时，将新能源纳入年度、月度电量平衡，为新能源留出足够的电量空间；在日前计划安排过程中，结合风电功率预测和电网负荷预测，合理安排电网备用容量，动态调整常规电源机组组合，优先安排新能源发电；在实时调度运行中，依托新能源自动发电控制系统实时优化调整新能源发电出力，最大限度利用断面的外送能力和消纳空间。

1.2.2.1　省内发电机组发电计划制定

（1）年度发电计划：一般由电网公司综合考虑市场空间并参照上一年

年度计划，制定次年发电计划初步方案并上报政府主管部门，由地方政府征求发电企业意见后，以政府公文形式下发，由电网企业执行。一般在每年年中或年底按照实际情况调整。年度发电计划制定过程中，综合考虑新能源资源情况及上一年度实际发电情况等因素，优先预留出风电、光伏发电上网空间。

（2）月度发电计划：由交易中心按照年度计划，根据机组检修计划、水电新能源等资源预测情况进行月度分解。月度发电计划主要确定各类电源月度发电总量。综合考虑月度火电电量计划以及新能源出力波动情况，做好火电机组开机方式，形成月度电量计划表。

（3）日前发电计划：日前制定发电计划曲线，按照风电功率预测、光伏发电功率预测情况制定次日风电、光伏发电计划。在备用留取方面，一般基于风电、光伏发电出力预测曲线，按一定比例纳入。

（4）日内实时调用：按照新能源发电优先上网原则调用，发电空间增大时依托新能源 AGC 等技术支持系统及时上调新能源发电出力；发电空间减小时优先调减火电、水电至最低技术出力。

1.2.2.2　跨省联络线计划制定

（1）年度计划：下年度跨省、跨区联络线年度计划一般在每年 10～11 月制定，首先由各省级电网公司根据下年度供需预测和电力电量平衡情况，向上级电网公司报送年度电量计划，并由上级电网公司确定年度电量计划，并在次年 1～2 月的综合计划中予以明确并下发。一般在确认该计划前，省级电网公司需要取得当地政府认可。目前，"三北"地区均在跨区联络线计划中预留了新能源跨区外送电量计划。

（2）月度计划：跨省、跨区联络线月度计划一般根据机组检修、来水预测、来风来光等情况，按年分解到月。

（3）日前计划：跨省、跨区联络线日前计划曲线形状根据各省用电负荷特性制定。各省按照关口联络线考核机制进行自我平衡，各省新能源的消纳责任主要由本省负责。目前，"三北"各省均开展了日前交易、调峰辅助服务交易或现货交易，可根据日前交易情况向上级调度部门申请修改联络线计划。

（4）日内执行：日内一般按照日前联络线计划执行，但在实时联络线调整方面"三北"地区各有不同。华北新能源消纳困难时由省级电网向华北电网提出申请，在华北电网协调下开展各省联络线调峰支援。东北电网根据东北能源监管局制定的电力调峰辅助服务市场管理规则，按照各省新能源消纳情况和实际火电调整空间进行跨省调峰支援。西北联络线实时调整有多种形式，一是由西北电网组织直调机组进行调峰支援（也称主控区置换）；二是省间根据事前签署的框架协议开展调峰互济支援并向西北电网申请联络线变更；三是省间开展实时交易，并向西北电网申请联络线调整。

与此同时，新能源并网运行标准体系逐步建立。截至 2018 年底，国内外风电、太阳能发电相关新能源涉网标准共计 719 项（包括国际标准、国外标准、国家标准、行业标准、地方标准、团体标准、企业标准等）。与新能源并网和调度运行相关的国家、行业、国际、国外标准共计 73 项，详细情况见附录 A。

1.2.3　我国新能源调度运行和消纳面临的问题

我国新能源运行和消纳矛盾突出的地方主要集中在"三北"地区。特别是"十二五"期间，含新能源在内的各类电源局部装机过多，远超过电网承载能力，加之跨省、跨区通道输电能力不足、电网调峰能力有限、政策和机制不健全，这些原因影响了新能源消纳。本节主要针对"十二五"期间"三北"地区的新能源消纳问题进行分析。

1.2.3.1　装机整体过剩

（1）电源快速发展，装机整体过剩。"十二五"期间，在经济增速逐渐放缓的大形势下，包括新能源在内的各类电源装机仍保持较快增长。华北、东北、西北电源装机均快速发展，其中西北增速最快，见表 1-1。尤其是 2015 年，受经济增速下滑影响，地方政府考虑本省（区）经济发展、社会稳定等诸多因素，借火电核准权限下放地方的便利以及常规电源对本省税收、就业等的贡献，新建、扩建火电厂的欲望更强烈。2015 年西北新增火电装机较 2014 年新增装机高出 1000 万 kW，增速高出 3 个百分点。

表 1-1　"三北"地区 2015 年各类电源装机较 2010 年增长情况

	总装机增长	火电装机增长	新能源装机增长
华北	40%	30%	420%
东北	40%	20%	140%
西北	130%	80%	1640%

（2）负荷增长趋缓，机组利用率整体下滑。受国家宏观经济影响，近年来负荷增长逐年放缓。"十二五"期间，华北、东北、西北地区全社会用电量年均增速分别为 4.1%、3.4%，10.8%，且呈逐年下降趋势，电源装机增长和负荷增长不相适应，电源增长速度明显高于用电增长，规划的装机容量明显过剩。"三北"地区"十二五"用电量增速与电源装机增速如图 1-25～图 1-27 所示。

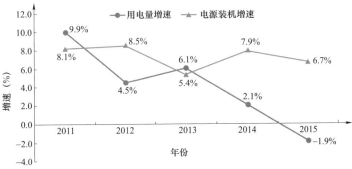

图 1-25　华北"十二五"用电量增速与装机增速对比

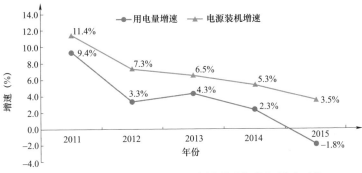

图 1-26　东北"十二五"用电量增速与装机增速对比

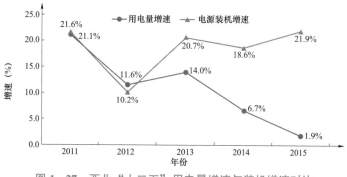

图 1-27　西北"十二五"用电量增速与装机增速对比

1.2.3.2　局部地区新能源装机比例过高

整体看，我国整体新能源装机占比不高，2015 年仅占电力总装机的 10%左右，但受资源地域限制，我国新能源呈集中式规模化开发，"三北" 地区新能源装机占比很高。"三北"地区的新能源装机又主要集中在几个省份。2015 年底，近 90%的风电装机集中在内蒙古、新疆、甘肃、宁夏、河北等 11 个省区，其中冀北、蒙东风电装机占总装机比例达到 35%；75%以上的光伏发电装机集中在甘肃、新疆、青海和宁夏 4 个省区，其中青海光伏发电装机占总装机比例达到 27%。以新能源装机规模测算，2015 年甘肃、新疆、宁夏、冀北、蒙东新能源装机占比超过 30%。蒙东、甘肃、宁夏、新疆新能源装机与最大负荷比例超过 100%，分别达到 172%、143%、102%、100%。

1.2.3.3　新能源与电网规划脱节

（1）部分省区内部网架约束依然存在。"十二五"期间，电网企业加强了省内电网建设，提高电网输送新能源能力，网架约束得到较大缓解。但仍有一些地方网架约束制约新能源的发展。以甘肃为例，2015 年通过加强 750kV 交流通道输变电容量，敦煌—酒泉—河西—武胜 750kV 各断面输电能力已提升至 320 万~420 万 kW，但甘肃河西地区当时的新能源装机已超过 1600 万 kW，远远超出电网输送能力。

（2）跨区输电通道能力不足。西北和东北的部分省区用电水平相对较低，新能源装机规模与本地消纳能力严重失衡，新能源限电严重，只能通过外送解决新能源的消纳问题。"十二五"期间，国家能源局先后发布水电、风电、太阳能发电等可再生能源专项规划，但电力、电网规划均一直没有发布，可再生能源基地送出通道没有落实，远不能满足新能源跨省跨区输送需求。截至"十二五"末，东北、西北地区的跨区输电能力为 1645 万 kW，只占新能源装机容量（8559 万 kW）的 19%。我国新能源发展与送出通道建设严重不匹配。

1.2.3.4　电源结构不适应新能源发展

（1）电源结构中火电机组占比高，灵活电源少，系统调峰能力严重不足。随着新能源的快速发展，"十二五"期间，国家电网经营区域内火电装机占全部电源装机比例降低 8 个百分点，但仍然是装机占比最大的电源，占比达 69%。截至"十二五"末，"三北"地区火电装机占全部电源装机比例为 70%，抽蓄、燃油燃气等电源占比不足 4%，其中，东北、西北地区抽蓄、燃油燃气等灵活调节电源比重只有 1.5%、0.8%（见图 1-28）。

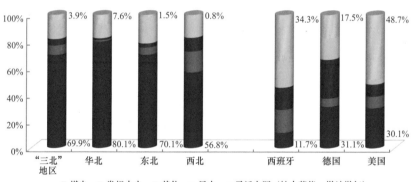

图 1-28　2015 年"三北"地区及部分发达国家电源结构

（2）供热机组快速发展，降低系统调节能力。"三北"地区供热机组装机占火电机组装机比例增长迅速。2006~2015 年，在推动集中供热、提升系统能效、加强环境保护等多种政策的引导下，"三北"地区新增火电机组以热电联产机组为主（东北 2015 年新增火电机组均为热电联产机组），此外还通过改造使大量现役纯凝火电机组转变为供热机组，以获得更多的发电量计划和采暖期优先开机机会，"三北"地区火电机组中供热机组装机占比迅速提升。截至"十二五"末，华北、东北、西北供热机组分别达到 15 760 万、5930 万、5058 万 kW,占火电装机比例分别为 72%、70%、47%。

以东北为例,辽宁、吉林、黑龙江火电装机中供热机组占比分别达 67%、86%、68%。供热机组核定的总最小技术出力逐年增加,电网调节空间逐年减小。"十二五"期间,辽宁、吉林、黑龙江供热机组供热期总最小技术出力增加分别超过 400 万、200 万、100 万 kW,至 2015 年底,三省供热机组在供热中期❶总最小技术出力分别达到 1152 万、730 万、572 万 kW,供热期负荷低谷时段消纳新能源的空间逐年减少,甚至影响到系统运行安全。"十二五"期间,东北供热期平均最小负荷(含外送,下同)增长趋缓,供热机组最小技术出力占负荷低谷时段发电空间逐年增加,新能源发电空间逐年减小,如图 1-29 所示。在考虑外送的情况下,2015 年辽宁供热机组总最小技术出力甚至大于平均最小负荷,只有通过供热机组轮停(双机供热转单机)等应急调峰措施来保证电网安全。而单机供热又涉及供热安全问题,一旦运行的单台供热机组出现故障影响民生供热,电网公司也要被列入追责之列。东北地区保供热、保电网安全和保新能源消纳的矛盾非

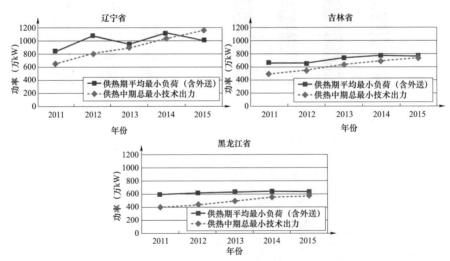

图 1-29 "十二五"东北供热中期供热机组最小技术出力与平均最小负荷

---

❶ 北方供暖季一般分为初期、中期和末期,供暖中期气温较低,供热机组开机容量大,对电网调峰能力影响较大。

常突出。据统计，2015 年 67% 的风电限电发生在供热期，其中负荷低谷风
电限电量又占供热期总风电限电量的 80%。

（3）部分地区自备电厂占比高，严重影响系统调峰。截至"十二五"
末，"三北"地区自备电厂装机容量 6086 万 kW，其中华北、东北、西北
自备电厂装机容量分别为 2650 万、782 万、2654 万 kW，分别占各自火电
总装机的 13%、9%、25%，西北占比最高。其中，新疆电网自备电厂装机
规模最大，增速最高。"十二五"期间，新疆自备电厂装机增长了接近 8
倍，年均增速 56%，占火电装机比例增加了 24 个百分点（见图 1-30）。
截至"十二五"末，新疆自备电厂装机容量达 1627 万 kW，占总装机容量
的 25%，占火电装机的 44%。由于自备电厂基本不参与电网调峰，调峰压
力均由公共电网承担。按照 2015 年自备电厂年发电小时数较公网火电高
1194h 计算（见图 1-31），折合多发电量 194 亿 kWh，远高于新疆电网新
能源限电量。

图 1-30　新疆电网自备电厂装机容量逐年变化情况

1.2.3.5　配套政策和机制不完善

（1）发用电侧峰谷电价不健全。多数地区仅出台了针对特定用户的用
电侧峰谷电价，且没有可中断负荷等灵活负荷响应机制，增加负荷侧调峰
能力的市场潜力还有待挖掘。目前"三北"地区部分省份出台了适应于特
定用户（如一般工商业、大工业、经济开发区等）的峰平谷目录电价，但

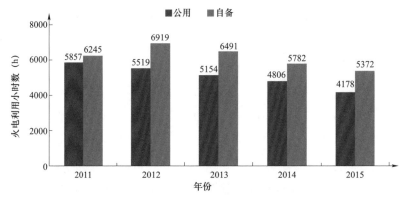

图 1-31　新疆电网公用火电和自备电厂利用小时数逐年变化情况

还没有建立实时反映市场供需关系的电价机制，不利于培育新能源消纳困难时段的用电负荷（以西北为例，调峰最困难时段通常发生在光伏出力较高的中午时段，而此时用电侧电价仍处高位）。同时，可中断负荷等灵活负荷价格机制缺失，利用价格政策改善电网负荷特性、增加负荷侧调峰能力的市场潜力没有得到挖掘。

（2）新能源跨省跨区消纳机制不完善。在经济增速放缓、产能过剩的情况下，出于对本省发电企业利益保护，各省消纳包括新能源在内的外省电力意愿普遍不强，省间壁垒日益突显。我国电力长期以来按省域平衡，若无特殊政策规定，发电量以本省消纳为主。我国部分大型水电基地在建设之初就通过明确外送方向和消纳份额保证其电量充分消纳，而除新疆-河南特高压直流、甘肃-湖南特高压直流配套的新能源基地明确外送消纳外，新能源电量无跨省跨区消纳方案。目前我国新能源富集省份装机规模已远超本省消纳能力，必须通过外送解决消纳问题。但在当前各地产能普遍过剩、用电需求不足的情况下，各省消纳外省电力的意愿普遍不强。

多地调度机构充分发挥联络线作用，通过跨省调峰互济支援促进新能源消纳，但受限于省间壁垒和价格机制缺失，效果有限。联络线互济支援，即实时调度过程中，各省调度机构根据新能源发电的实际出力，按照保障新能源消纳的要求，向上级调度部门申请联络线功率支援，来减轻本省的新能源消纳压力。由于省间壁垒以及缺乏价格机制，联络线支援电量需要当月或在全年滚动平衡。近年来，东北部分省往往上半年就完成了对外送电计划，再出现风电限电时，只能短期内送邻省消纳，待本省有消纳空间时在当月回接等量电能"清零"；在预计本省无回接能力时，即使邻省有消纳能力，也不再申请外送。这也就是说，非供暖期邻省存在一定的风电消纳空间，但在目前的机制下却无法发挥作用。

（3）通过传统中长期电量计划为新能源预留电量空间的做法无法保障新能源消纳。由于火电等常规电源发电出力具有可调节性，为保证电网安全运行，平衡各方利益，长期以来我国电力运行一直采用年度、月度和日前发电计划管理的方式，各类电厂发电量主要依靠发电计划来落实。对于新能源发电，虽然各地在年度和月度计划中也都为新能源预留了电量空间，但是在日前和实时调度过程中，由于风电、光伏发电等发电出力具有随机性、间歇性等特点，受电网安全、机组组合、供热等条件限制，经常难以将电量计划落实到日前发电计划，只能按当时运行情况最大限度消纳新能源发电。通过建立灵活的机制，根据新能源发电情况适时调整各类电源中长期电量计划或合同，才能最大力度促进新能源消纳，同时电量计划或合同需要充分考虑新能源波动特性和资源特性。

（4）缺乏价格疏导政策，自备电厂调峰积极性不足。制约我国自备电厂参与电网调峰的一个重要因素是电价。自备电厂多为自发自用，自身发电成本低于购网电价。特别是新疆自备电厂大多由内地投资建设的援疆项目，企业经营状况将影响就业与社会稳定。目前我国尚未出台配套电价政策疏导自备电厂因参与电网调峰造成的经济损失，导致自备电厂缺乏调峰积极性。

1.2.4　我国为促进新能源消纳开展的工作

近几年，我国国家领导和社会各界高度重视新能源消纳工作，政府能源主管部门和电网企业针对新能源调度运行和消纳面临的问题，制定了一系列促进新能源消纳、解决新能源限电问题的政策措施，在电网建设、调度运行、交易组织、市场机制、技术创新、完善管理等方面协同发力，研究制定了五大方面重点工作，全力促进新能源消纳。

1.2.4.1　引导新能源有序发展

为引导新能源企业理性投资，政府能源主管部门发布了新能源投资监测预警相关文件,对不同地区的新能源并网运行状况及消纳条件进行预警。通过预警有效控制红色预警省区新增新能源装机,优化橙色、绿色地区新能源新增规模、布局和并网时序。在光伏扶贫项目接网工作方面,电网企业超前对接,充分挖掘可以利用的接入点,确保光伏扶贫项目及时并网。

1.2.4.2　充分发挥输电通道作用

为实现新能源发电在更大范围内消纳,政府能源主管部门和电网企业加快审批和建设一批输送新能源的交直流输变电工程,同时开展特高压送端近区新能源机组耐压、耐频改造,确保新投运的特高压跨区输电工程稳定运行。针对新能源汇集地区的外送问题,梳理新能源输电"卡脖子"断面,并加快关键断面输电能力提升改造工程。

1.2.4.3　完善适应高比例新能源消纳的调度运行体系

建立了适应高比例新能源的电网运行技术体系,实现全网的统一调度和新能源优先消纳。在备用容量设置方面,打破传统的分省备用模式,统一使用跨省区备用调节资源;在市场化交易方面,完善适应市场化需求的调度运行机制,开展全周期电量交易,丰富短期电能交易品种;在新能源调度运行管理方面,建立新能源受限分级预警机制,开展电网发、输、变电设备检修与新能源电站检修协调配合。

1.2.4.4　开展市场化交易

建立发电权交易专项市场,制定新能源替代常规火电逐年目标。开展跨区域省间富余新能源电力现货交易试点,现货交易规模及电量不断扩大,效果明显。现货交易出清价格总体呈上升趋势,有利于新能源的发展。推进跨省及省内调峰辅助服务市场建设,通过市场化手段激励发电企业积极参与电网调峰、调频工作,有效提升了系统调节能力,促进新能源消纳。

1.2.4.5　完善新能源管理体系

明确消纳控制目标,强化指标考核,将全年新能源限电量、限电率控制指标细化分解到各省,将新能源消纳比重、限电率作为关键业绩指标纳入各省(市、区)电力公司业绩考核,发挥考核激励约束作用。推动标准制修订工作,加快标准技术指标升级,通过提高新能源支撑能力,提高新能源输电通道送电能力。

通过上述措施和工作的有效开展，我国近两年新能源发电量和发电占比实现连续"双升"，新能源限电量和限电率实现连续"双降"，如图1-32所示。

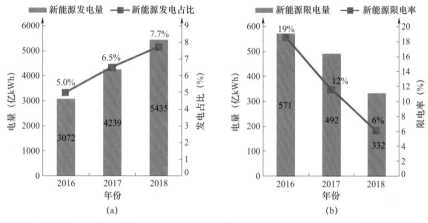

图1-32 我国近两年新能源发电"双升""双降"情况

(a) 新能源发电量和发电占比；(b) 新能源限电量和限电率

第 2 章

新能源场站并网运行管理

为保证新能源接入后的电力系统安全稳定运行，新能源场站在初期可研、建设、安装、调试、验收、投运等阶段必须执行相关技术标准和检验程序，以减少其电力设备在投入运行后给当地电网和运维人员带来的不安全因素，而其验收、投运以及商业化运行过程，也需要按照国家与地方能源主管部门和电网管理单位的要求，遵守相关的管理流程。本章将阐述新能源场站并网流程、新能源场站并网技术要求和新能源场站调度运行管理要求。

2.1 新能源场站并网流程

经政府主管部门核准的新能源发电企业在并网前期、签订并网协议、并网申请、并网调试、试运行期间检测和评价、商业化运行过程中的调度运行、检修以及功率预测和发电计划申报等需要满足相关要求，电网企业应向满足要求的新能源发电企业提供并网运行相关服务。新能源场站并网运行主要流程如图 2-1 所示。

2.1.1 前期工作

前期工作包括规划立项、设计审查、签订协议等各阶段的工作，以保证新能源场站满足电网安全、技术和管理相关标准。

新能源场站或接入系统设计单位可向电网调度机构了解当地电网的有关信息。

新能源场站需邀请电网调度机构参加可研审查、接入系统审查、初设

审查、涉网一/二次设备选型和招投标、设计联
络会及施工图会审等各阶段的工作，以便电网
调度机构履行调度专业技术归口管理职能。新
能源场站需提前按要求将待审查资料提交给
电网调度机构，并将最终审查意见抄送相关电
网调度机构备案，申请电网调度机构命名。

　　新能源场站需向电网调度机构提供相关
部门出具的审批证明、项目核准文件、项目可
行性研究报告及审查意见、规划报告、新能源
场站运行规程和接入系统设计审查意见，政府
能源主管部门发电业务许可受理证明和同意
并入电网运行的批复文件作为签订并网调度
协议等工作的依据。

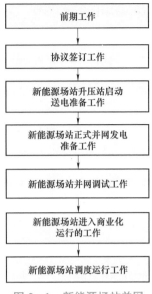

图 2-1　新能源场站并网
运行主要流程

　　新能源场站并网需提前按要求向电网调度
机构提交并网申请书，同时提交新能源场站相关的详细资料，资料需经电网
调度机构审核确认符合有关要求后备案，同时新能源场站应跟踪各元件模型、
参数和相关信息的变化情况，并随时将最新情况反馈电网调度机构。

2.1.2　协议签订

　　《并网调度协议》是对新能源场站并入电网时调度和运行行为的规范之
一，主要内容是新能源场站并入电网调度运行的安全和技术要求，应于并
网调试前按要求签订。调度机构在收到新能源场站提交的并网调度协议所
要求的资料后，审查资料的完整性，并指导新能源场站完善资料。完成资
料审核后，及时完成并网调度协议的签订。

　　电网企业需要按照国家能源主管部门和国家工商行政管理总局联合印
发的《并网调度协议》范本编制《××电网并网调度协议》，新能源场站应
按要求与电网企业签订《××电网并网调度协议》，同时开展《购售电合同》
签订工作。

2.1.3　新能源场站升压站启动送电准备

　　新能源场站在其升压站（或升压变压器）预计投产前一年或本网调度

规程要求的时间之前，将升压站、风电机组、光伏逆变器投产计划及有关设计参数报电网调度机构，以便进行年度运行方式的计算和安排。

新能源场站在升压站（或升压变压器）启动送电前应完成的工作包括：① 升压站启动送电之前向电网调度机构提供有关参数、图纸以及说明书等资料（外文资料需同时提供中文版本），提出一次设备❶命名、编号申请，以便电网调度机构开展升压站受电前的工作；② 升压站受电前，向网、省电力公司基建部门提交升压站投产受电申请书；③ 新能源场站在收到受电确认通知后，与网、省电力公司基建部门商定升压站预计受电的时间和有关事宜；④ 新能源场站按照通过审定的设计要求施工建设升压站一次设备及安全自动装置、继电保护装置、通信、调度自动化等二次系统，二次系统要与一次系统同步投入运行；⑤ 在升压站投产前，完成新能源场站端远动或监控系统、计量终端、调度数据网设备、二次安防设备、时间同步装置的安装工作；⑥ 在升压站投产前，完成以上设备与调度自动化系统的调试工作，并符合接入系统要求；⑦ 升压站启动送电前，新能源场站组织升压站验收，验收时需邀请电网调度机构相关专业人员参与，并将验收合格报告报电网调度机构备案；⑧ 编制现场运行规程，对新能源场站一次设备进行双重编号标示；⑨ 在升压站投产前，提出新能源场站运行值班人员接受电网调度机构培训和考试的申请。

电网调度机构在升压站投产前提供和完成的各项并网服务包括：① 电网调度机构在技术服务协议签订以后，向新能源场站明确并网运行管理的相关法规、标准和规程规定，包括安全管理、技术管理和调度运行管理等方面；② 调度机构在收到新能源场站升压站启动资料后，分专业审查新能源场站启动资料的完整性和准确性，指导新能源场站完善资料；③ 收到有关单位上报的新建场（站）推荐调度名称函件和电气一次接线施工图后，在升压站投产前批复新能源场站调度名称，下发调度管辖范围和设备命名、编号；④ 在升压站投产前，对与新能源场站调度运行有关的场站专业人员

---

❶ 一次设备是指直接用于生产、变换、输送、疏导、分配和使用电能的电气设备，包括发电机、变压器、断路器、母线、输电线路、电动机等。二次设备是对电力系统内一次设备进行监察、测量、控制、保护、调节的辅助设备，包括测量表计、控制和信号装置、继电保护装置等。

进行培训和进行调度对象资格考试，考试合格者发放《调度系统运行值班合格证书》；⑤ 在升压站投产前，协调相关运行维护单位共同完成并网通信设备的接入及电路的开通、调试工作；⑥ 在升压站投产前编制升压站投产调试方案，完成电网运行方式安排和系统稳定计算，下达投产调试调度方案和安全自动装置的整定值；⑦ 在升压站投产前，完成电网调度机构端远动或监控系统、计量终端、调度数据网设备、二次安防设备接入系统的调试工作；⑧ 在升压站投产前能通过调度自动化相关系统报送和接收调度生产所需信息；⑨ 在升压站投产前完成系统继电保护定值计算和保护定值单编制；⑩ 向新能源场站提供与其相关的电力系统数据，包括系统等值阻抗、继电保护整定限值和相关的继电保护整定单。

在完成新能源场站升压站启动资料审核后，调度机构于新能源场站升压站计划启动前完成各专业的准备工作，组织对投运条件进行检查和认定，新能源场站升压站受电的必备条件包括：① 新能源场站已按《并网调度协议》和《购售电合同》的约定完成相关工作；② 新能源场站升压站一、二次设备须符合国家标准、电力行业标准和其他有关规定，与电网对应的设备匹配，按经国家授权机构审定的设计要求安装、调试完毕，按国家规定的基建程序验收合格；③ 并网正常运行方式已明确，有关参数已合理匹配，设备整定值已按照要求整定，具备并入电网运行、接受电网调度机构统一调度的条件。

新能源场站同启动委员会确定和落实其接入工程是否具备投运条件，共同商定升压站投产的具体时间和程序。在确认升压站具备投产条件后，新能源场站在商定的升压站投产日期前向电网调度机构提交并网受电检修申请票，电网调度机构在商定的升压站投产日期前批复给新能源场站，同时下发新能源场站升压站启动调试方案。

2.1.4　新能源场站正式并网准备

新能源场站正式并网的标志是第一台风电机组/光伏逆变器首次并网，需完成的工作包括：① 新能源场站在风电机组/光伏逆变器预计首次并网日期前按要求格式向电网调度机构提供有关参数、图纸以及说明书等资料（外文资料需同时提供中文版本），以便电网调度机构开展机组并网前的工作；② 新能源场站在机组预计首次并网日期前，向电网调度机构提交并网申请书，并网申请书应包含本次并网设备的基本概况、并网风电场（风电机组）/光伏电站（逆变器）调试方案和调试计划等内容；③ 新能源场站在收到并网确认通知后，按电网调度机构的要求修编并网调试项目和调试计划，并与电网调度机构商定首次并网的具体时间和程序；④ 新能源场站组织涉网设备适应性测试及验收，验收时邀请电网调度机构相关专业人员参与，并将验收合格报告报电网调度机构备案；⑤ 新能源场站首次并网前须取得政府能源主管部门颁发的发电许可证或取得政府能源主管部门同意首次并网的书面意见。

风电机组/光伏逆变器首次并网前电网调度机构应完成的工作包括：① 在收到新能源场站并网申请书后审核并网申请条件，并与新能源场站商定首次并网日期；② 在商定的首次并网日期前完成编制风电机组/光伏逆变器启动调试调度方案，下达投产调试调度方案和安全自动装置的整定值；③ 在商定的首次并网日期前完成新能源场站发电计划申报上报和调度运行考核等系统软件模块的联合调试，完成调度自动化系统相关功能模块联合调试，完成电能量计量系统的联合调试；④ 在商定的首次并网日期前完成系统继电保护定值计算和保护整定方案编制，向新能源场站提供与新能源场站相关的电力系统数据，包括系统等值阻抗、继电保护整定限值和与电网有关的新能源场站继电保护整定值；⑤ 电网调度机构在商定的首次并网日期前完成各专业的准备工作，并组织对新能源场站并网条件进行审核，并于计划首次并网日期前批复新能源场站并网申请。

风电机组/光伏逆变器组成的新能源场站的并网运行必备条件包括：① 新能源场站接入电力系统需向电网调度机构提供的资料已全部提交并符合要求；② 新能源场站相关的一次设备安装调试完毕，完成分步试运行并通过验收，验收合格报告已报电网调度机构备案；③ 新能源场站功率预测系统已安装并完成就地调试，具备功率预测系统功能规范的相关要求以及同电网调度机构新能源调度运行技术支持系统通信及联调的条件；④ 可以通过新能源场站的调度运行支持系统正常地报送和接收电网调度机构下发的调度运行所需信息；⑤ 新能源场站和电网调度机构针对新能源场站并入电网后可能发生的紧急情况,已制定相应的事故处理预案;⑥ 新能源场站运行、检修规程齐备,相关的管理制度齐全,其中涉及电网安全的部分与电网的安全管理规定相一致,电气运行规程和紧急事故处理预案已报电网调度机构;⑦ 新能源场站有调度受令权的运行值班人员,已全部经过有关电网安全运行规定的培训,经电网调度机构调度对象资格考试合格后,持证上岗;⑧ 新能源场站已配备与调度有关专业相对应的联系人员,运行值班人员名单、方式、继电保护、自动化专业联系人员名单和联系方式已报电网调度机构备案;⑨ 新能源场站已配置调度电话、调度业务传真设备和调度语音录音系统;⑩ 新能源场站并网继电保护及安全自动装置、自动化管理工作必备的技术条件已分别达到相关要求。

在确认新能源场站具备并网条件后,新能源场站在商定的机组首次并网日期前向电网调度机构提交并网申请票,电网调度机构在商定的机组首次并网日期前批复给新能源场站。

2.1.5 新能源场站并网调试

新能源场站(风电机组/光伏逆变器❶)在调试期内,应完成相关规程规定的所有测试和试验。与电网运行有关的测试和试验须经电网调度机构批准,电网调度机构根据电网实际情况为并网调试安排所需的运行方式。在调试前,新能源场站需提前向电网调度机构提交并网调试方案、有关分析报告及书面调试申请(包括调试项目、调试时间等),调试需完全遵循分批调试的原则进行,分批调试方案与电网调度机构协商后确定。电网调度机构在收到调试申请后进行批复,新能源场站调试申请经批准后方可实施。在调试期间,如调试计划有变动,新能源场站应将拟变动的情况报电网调度机构,经电网调度机构确认批准后执行。

新能源场站根据电网调度机构已确认的并网调试计划进行机组并网运行调试,包括:① 新能源场站(含所有并网调试运行机组)应视为并网运行设备,已纳入调度管辖范围,按照电力系统有关规程进行调度管理,遵守电力系统运行规程、规范,服从统一调度;② 新能源场站根据已确认的

---

❶ 风电场、光伏电站一般由数十个风电机组、光伏逆变器组成,在首次并网时,风电机组、光伏逆变器一般逐台进行调试并网。

并网调试计划，编制详细的机组并网调试方案，并在调试期开始前按调试进度逐项向电网调度机构申报，具体的并网调试操作应严格按照调度指令进行；③ 对属于新能源场站自行管辖的设备进行可能对电网产生冲击的操作时，需提前告知电网调度机构做好准备工作及事故预想，并严格按照调试方案执行；④ 新能源场站改扩建时，需重新向电网调度机构提交受影响风电机组/光伏逆变器的测试报告备案。

电网调度机构配合新能源场站进行并网调试的工作包括：① 将并网调试新能源场站纳入正式调度管辖范围，按照电力系统有关规程、规范进行调度管理；② 根据新能源场站要求和电网情况编制专门的调试调度方案（含应急处理措施），明确处理原则及具体处理措施，合理安排新能源场站的调试计划，确保系统稳定及设备安全；③ 根据风电机组/光伏逆变器调试进度及电网运行情况，经与新能源场站协商同意，可对调试计划进行滚动调整，保证电网安全运行；视情况可安排现场调度，并给予必要的技术指导或支持。

最后，新能源场站在全部发电设备并网调试运行后 6 个月内，向电网调度机构提供由具备相应资质的机构和技术监督部门认可的调试结果及结论。

2.1.6　新能源场站商业运行

新能源场站完成机组并网运行调试和安全性评价工作后，向电网调度机构提供安全性评价结论，并向电网调度机构提出申请，对风电机组/光伏逆变器并网调试和接入系统设备，满足电网安全稳定运行技术要求和调度管理要求进行确认。

电网调度机构根据新能源场站并网调试情况、安全性评价结论以及并网条件落实情况，对风电机组/光伏逆变器并网调试和接入系统设备是否满足电网安全稳定运行技术要求和调度管理要求进行审核确认后，发电企业向相应政府能源主管部门提交进入商业运营的申请及相关文件。政府能源主管部门批复商业化运行后将通知发电企业与电网企业。

新能源场站在首台发电设备投产后，应按照电网调度机构要求，由专人填写新能源场站基本信息，并返回该基本信息表至电网调度机构备案。

若由于新能源场站改扩建等原因导致新能源场站基本信息发生变更时，应在改扩建完成后及时更新该信息表相应内容，并向电网调度机构重新发送及备案。

2.1.7　新能源场站调度运行

电网调度机构综合考虑新能源场站规模、接入电压等级和消纳空间等因素确定对其的调度关系。电网调度机构依法对新能源场站进行调度，新能源场站应服从电网调度机构的统一调度，遵守调度纪律，严格执行有关规程和规定。新能源场站运行值班人员应执行电网调度值班调度员的调度指令。

新能源场站内由电网调度机构调度管辖（许可）的设备，新能源场站需遵守调度有关操作制度，按照调度指令执行操作，并如实反映现场实际运行情况，答复电网调度机构值班调度员的询问。新能源场站运行值班人员操作这些设备前应报电网调度机构值班调度员，得到同意后方可按照电力系统调度规程及新能源场站现场运行规程进行操作。

新能源场站应配合电网调度机构保障电网安全，按照电网调度机构指令参与电力系统运行控制。在电力系统事故或紧急情况下，电网调度机构通过限制新能源场站出力或暂时解列新能源场站或部分风电机组/光伏逆变器来保障电力系统安全。事故处理完毕，系统恢复正常运行状态后，电网调度机构应及时恢复新能源场站的并网运行。新能源场站或部分风电机组/光伏逆变器在紧急状态或故障情况下退出运行，以及因频率、电压、气温等原因导致机组解列时，应立即向电网调度机构汇报，且不得自行并网，经电网调度机构同意后按调度指令并网。同时，新能源场站做好事故记录并及时上报电网调度机构备案。

新能源场站需参与地区电网无功功率平衡及电压调整，保证并网点电压满足电网调度机构下达的电压控制曲线。当新能源场站的无功补偿设备因故退出运行时，需立即向电网调度机构汇报，并按指令控制新能源场站运行状态。新能源场站需具备在线有功功率和无功功率自动调节功能，并参与电网有功功率和无功功率自动调节，确保有功功率和无功功率动态响应品质符合相关规定。

电网出现特殊运行方式，可能影响新能源场站正常运行时，电网调度机构应将有关情况及时通知新能源场站。电网输电线路的检修改造需综合考虑电网运行和新能源场站发电规律及特点，尽可能安排在小风季节或夜间实施，减少新能源场站的电量损失。

系统运行方式发生变化时，电网调度机构综合考虑系统安全稳定性、电压约束等因素以及新能源场站特性和运行约束，通过计算分析确定允许新能源场站上网的最大有功功率。运行方式计算分析时，按照全网风电/光伏功率预测最大出力和最小出力两种情况，同时考虑风电/光伏功率波动对系统安全稳定性的影响。

2.1.8 新能源场站检修

新能源场站内部属于调度管辖范围内的设备检修按照电网设备检修管理有关规定进行。新能源场站将年度、月度、周、节日、特殊运行方式的设备检修计划建议报电网调度机构。电网调度机构将新能源场站设备检修计划纳入电力系统年度、月度、周、节日、特殊运行方式检修计划。新能源场站设备检修影响运行容量超过电网调度机构规定的限值时，应向电网调度机构提出检修申请，并按电网调度机构批准的时间和作业内容执行。纳入调度范围的新能源场站升压站一、二次设备实际检修工作需在正式开始前向电网调度机构提交检修申请，获得批准后方可开工。

新能源场站应严格执行电网调度机构已批复的检修计划，按时完成各项检修工作。新能源场站由于自身原因，不能按已批复计划检修的，在已批复的计划开工前向电网调度机构提出修改检修计划的申请。电网调度机构根据电网运行情况，调整检修计划并提前通知新能源场站；无法调整计划时，新能源场站按原批复计划执行或放弃检修计划。新能源场站检修工作需延期的，须在已批复的检修工期过半前向电网调度机构申请办理延期手续。

电网调度机构应合理安排调度管辖范围内电网、新能源场站继电保护及安全自动装置、电力调度自动化等二次设备的检修，二次设备的检修尽可能与新能源场站一次设备的检修相配合。

检修、试验工作虽经批准，但在检修、试验开始前，仍需告知电网调度机构。工作结束后，及时通知电网调度机构。临时检修、试验申请，由新能源场站值班人员直接向调度值班调度员提出检修申请。电网调度机构根据有关规定和电网实际情况，批复检修申请。

2.1.9　新能源场站功率预测和发电计划申报

新能源场站需按照国家有关政策法规，建设相关调度技术支持系统，开展功率预测和发电计划申报工作，并执行电网调度机构下发的发电功率计划曲线。新能源场站根据数值天气预报数据，并结合新能源场站地形，现场测风、测光资源实测数据和新能源场站发电运行统计数据等开展发电功率预测工作，也可委托功率预测技术服务单位承担。新能源场站按照有关气象观测规范标准和相关技术标准，配套建立实时测风塔和气象站。

功率预测时间尺度分短期（日前）预测和超短期（日内）预测两种，短期预测为次日 0 时～未来 72h 的功率预测，超短期预测为未来 15min～4h 内的功率预测。功率预测系统一般包括数值天气预报产品接收和处理、实时气象信息处理、短期和超短期预测、系统人机界面、数据库与数据交换接口等功能。功率预测系统硬件一般包括气象数据接收系统和处理服务器、系统应用服务器、安全隔离装置、人机工作站等。新能源场站安装使用的功率预测系统应具备自动向电网调度机构上报数据的功能，上报内容包括用于日前发电计划编制的相关信息、日内超短期预测信息和运行状态等数据。

日前发电功率预测信息包括未来 00:15～72:00 的短期预测功率及同期的预计开机容量，每日在电网调度机构规定的报送截止时间前报送，数据的时间分辨率为 15min。日内超短期预测信息和运行情况包括：① 每 15min 滚动上报未来 15min～4h 的功率预测数据；② 每 15min 上报当前时刻的开机总容量；③ 每 5min 上报实时测风、测光数据。新能源场站计划申报模块通过调度数据网 II 区与调度端连接，按照电力系统安全防护相关要求以 E 文本❶格式传送发电计划建议曲线。调度机构以 E 文本格式向新能源场站下达发电计划曲线。

新能源场站要按照要求配备专职人员负责功率预测和发电计划接收工作，相关人员信息及预测系统信息在电网调度机构备案，如有变动及时通知电网调度机构。委托功率预测技术服务单位承担功率预测的企业，需将服务单位的负责人员与新能源场站企业负责人员的信息同时报电网调度机构备案。

新能源场站应具备在线有功功率调节能力，能够自动执行调度机构下达的发电计划，保证发电功率在发电计划允许偏差的范围内。在系统运行不受约束情况下，电网调度机构原则上按新能源场站报送的计划曲线安排新能源场站运行；如系统运行受到约束，新能源场站不能按报送曲线运行，调度机构告知限制出力的原因、限制容量及电网约束条件。系统运行约束条件一般有：① 电网输送能力约束；② 系统调峰能力不足约束；③ 电力系统处于故障或紧急状态。

电网调度机构每天在规定时间前向其调度管辖的新能源场站下达次日 00:15～24:00 的发电计划，电网调度机构根据新能源场站日内预测结果和系统安全运行状况，实时修正调整发电计划，并下达执行。电网调度机构按照规定的考核标准对新能源场站预测精度和发电计划执行情况进行考核，定期发布考核结果。长期预测精度低、发电计划执行情况不满足要求的企业需按有关要求进行整改。

2.1.10 工作联系与开展方式

新能源场站和电网调度机构均需成立专门并网调度联络小组，小组负责人由双方分管领导担任，同时双方交换联系人员名单和联系方式。

新能源场站并网的各项工作需在规定的时间节点前完成，双方并网调度联络小组在升压站启动前、机组首次并网前、机组 240h 试验、进入商业运营期、发电计划正式申报前，分别召开联络会议，对各阶段双方需要完

---

❶ E 语言规范是在 IEC 61970-301 电力系统公用数据模型（common information model，CIM）的面向对象抽象基础上，针对 CIM 在以 XML 方式进行描述时的效率缺陷所制定的一种新型高效的电力系统数据标记语言，由 E 语言编辑的文本称为 E 文本。

成的工作进行梳理，使该阶段新能源场站并网工作顺利实施并按计划转入下一阶段。

2.2 新能源场站并网技术要求

2012 年 6 月和 2013 年 6 月，《风电场接入电力系统技术规定》（GB/T 19963—2011）和《光伏发电站接入电力系统技术规定》（GB/T 19964—2012）正式开始实施，对通过 110（66）kV 及以上电压等级线路与电力系统连接的新建或扩建风电场，通过 35kV 及以上电压等级并网以及通过 10kV 电压等级与公共电网连接的新建、改建和扩建光伏电站做出技术要求。

依据国家标准中的相关条款，并结合其他相关标准，本节从有功功率控制、功率预测、无功功率和电压控制、低电压穿越、运行适应性、电能质量、仿真模型和参数、二次系统、接入系统测试等方面介绍新能源场站需要达到的技术水平。

2.2.1 有功功率控制

新能源场站需具备参与电力系统调频、调峰和备用的能力，配置有功功率控制系统，能够接收并自动执行电网调度机构下达的有功功率及有功功率变化的控制指令；在正常情况下有功功率变化需满足电力系统安全稳定运行的要求，其限值由电网调度机构确定。其中，允许出现光伏电站因辐照度降低有功功率变化速率超出限值的情况。在电力系统事故或紧急情况下，新能源场站应根据调度机构指令快速控制其输出的有功功率，严重情况下切除整个新能源场站。事故处理完毕，电力系统恢复正常运行状态后，新能源场站按调度指令并网运行。

2.2.2 功率预测

风电场、装机容量 10MW 及以上的光伏电站要配置功率预测系统，系统具有 0～72h 短期功率预测以及 15min～4h 超短期功率预测功能；每 15min 自动向调度机构滚动上报未来 15min～4h 的功率预测曲线，时间分辨率为 15min；每天按规定时间上报未来 0～72h 功率预测曲线，时间分辨率为 15min。

2.2.3 无功功率和电压控制

风电场的无功电源包括风电机组及风电场无功补偿装置，光伏电站的无功电源包括光伏并网逆变器及光伏电站无功补偿装置。对于直接接入公共电网的风电场和通过110（66）kV 及以上电压等级并网的光伏电站，其配置的容性无功容量能够补偿新能源场站满发时场内汇集线路、主变压器的感性无功及新能源场站送出线路的一半感性无功功率之和，其配置的感性无功容量能够补偿新能源场站自身的容性充电无功功率，及新能源场站送出线路的一半充电无功功率。对于通过220kV（或330kV）汇集系统升压至 500kV（或 750kV）电压等级接入公共电网的新能源场群中的新能源场站，其配置的容性无功容量能够补偿新能源场站满发时场内汇集线路、主变压器的感性无功功率及新能源场站送出线路的全部感性无功功率之和，其配置的感性无功容量能够补偿新能源场站自身的容性充电无功功率及新能源场站送出线路的全部充电无功功率。

此外，风电场和通过110（66）kV 及以上电压等级并网的光伏电站需配置无功电压控制系统，根据电网调度机构指令，自动调节其发出（或吸收）的无功功率，实现对风电场并网点电压的控制。

2.2.4 低电压穿越与动态无功电流注入

新能源场站应具备低电压穿越能力，如图 2-2 所示。电力系统发生不同类型故障时，若新能源场站并网点考核电压全部在图中绿色电压轮廓线及以上的区域时，则新能源场站必须保证不脱网连续运行，否则，允许切出。对故障期间没有切出的新能源场站，其有功功率在故障清除后应迅速恢复，风电场和光伏电站分别以至少 10%额定功率/s 和 30%额定功率/s 的功率变化率恢复至故障前的值。

总装机容量在百万千瓦级规模及以上的风电场群，以及通过220kV（或330kV）汇集系统升压至 500kV（或 750kV）电压等级接入电网的光伏电站群，当电力系统发生三相短路故障引起电压跌落时，每个新能源场站在低电压穿越过程中需具有以下动态无功支撑能力。

2.2.4.1 风电场动态无功支撑能力

（1）自并网点电压跌落出现的时刻起，风电场动态无功电流控制的响应时间不大于 75ms，持续时间不少于 550ms。

（2）风电场注入电力系统的动态无功电流为 $I_T \geqslant 1.5 \times (0.9 - U_T)I_N$ ($0.2 \leqslant U_T \leqslant 0.9$)。其中，$U_T$ 为风电场并网点电压标幺值，I_N 为风电场额定电流。

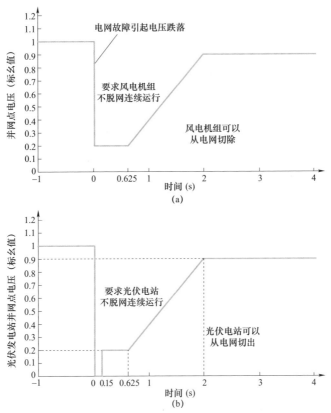

图 2-2 新能源场站低电压穿越基本要求

（a）风电场❶；（b）光伏电站❷

2.2.4.2 光伏电站动态无功支撑能力

（1）自并网点电压跌落的时刻起，动态无功电流响应时间不大于 30ms。

（2）自动态无功电流响应起直到电压恢复至 0.9p.u.期间，光伏电站注入电力系统的动态无功电流 I_T 应实时跟踪并网点电压变化，并满足

$$I_T \geqslant 1.5 \times (0.9 - U_T)I_N \quad (0.2 \leqslant U_T \leqslant 0.9) \tag{2-1}$$

---

❶ 引自 GB/T 19963—2011《风电场接入电力系统技术规定》。

❷ 引自 GB/T 19964—2012《光伏发电站接入电力系统技术规定》。

$$I_T \geqslant 1.05 \times I_N \quad (U_T < 0.2) \qquad (2-2)$$
$$I_T = 0 \quad (U_T > 0.9) \qquad (2-3)$$

式中　U_T——光伏电站并网点电压标幺值；

I_N——光伏电站额定装机容量/（$\sqrt{3}$×并网点额定电压）。

2.2.5　运行适应性

针对不同的并网点电压、电能质量以及系统频率范围，对新能源场站运行提出要求。要求新能源场站在标称电压的90%～110%能够正常运行；并网点电能质量满足相关标准规定时，新能源场站应能正常运行；在频率为49.5～50.2Hz，新能源场站应能连续运行。也就是说，新能源场站在电网正常的电压、频率和电能质量区间内，应能正常并网运行。

2.2.6　电能质量

新能源发电设备可能造成电能质量问题，新能源场站并网点的电压偏差、电压波动和闪变、谐波和电压不平衡度等电能质量指标应满足相关标准的要求；新能源场站配置电能质量监测设备，若不满足相关标准电能质量要求，新能源场站需安装电能质量治理设备。

2.2.7　仿真模型和参数

为了更好地模拟和预知新能源稳定特性，新能源场站需建立风电机组/光伏发电单元、电站汇集线路及电站控制系统模型及参数，用于新能源场站接入电力系统的规划设计及调度运行，并随时将最新情况反馈给调度机构。

2.2.8　二次系统

新能源场站的二次设备及系统应符合电力二次系统技术规范、电力二次系统安全防护要求及相关设计规程。新能源场站与电网调度机构之间的通信方式、传输通道和信息传输由电网调度机构作出规定，包括提供遥测信号、遥信信号、遥控信号、遥调信号以及其他安全自动装置的信号，提供信号的方式和实时性要求等。新能源场站二次系统安全防护应满足国家电力监管部门的有关要求。

（1）风电场向电网调度机构提供的信号一般包括以下方面：

1）单个风电机组运行状态。

2）风电场实际运行机组数量和型号。

3）风电场并网点电压。

4）风电场高压侧出线的有功功率、无功功率、电流。

5）高压断路器和隔离开关的位置。

6）风电场测风塔的实时风速和风向。

（2）光伏电站向电网调度机构提供的信号一般包括以下方面：

1）每个光伏发电单元运行状态，包括逆变器和单元升压变压器运行状态等。

2）光伏发电站并网点电压、电流、频率。

3）光伏发电站主变压器高压侧出线有功功率、无功功率和发电量。

4）光伏发电站高压断路器和隔离开关的位置。

5）光伏发电站主升压变压器分接头挡位。

6）光伏发电站气象监测系统采集的实时辐照度、环境温度和光伏组件温度。

2.2.9　接入系统测试

新能源场站并网运行后，需向电网调度机构提供由具备相应资质机构出具的新能源场站接入电力系统测试报告，并在测试前 30 日将测试方案报所接入地区的电网调度机构备案。新能源场站在全部机组/组件并网调试运行后 6 个月内向电网调度机构提供有关新能源场站运行特性的测试报告。测试内容包括以下几个方面：

（1）有功功率/无功功率控制能力测试。

（2）电能质量测试，包含电压波动、闪变和谐波。

（3）低电压穿越能力测试。

（4）电压、频率适应性测试。

2.3　新能源场站调度运行管理要求

我国新能源场站并网调度运行主要依据相关标准依法合规开展调度管理。新能源优先调度参考《新能源优先调度工作规范》（Q/GDW 11065—2013），风电场调度运行参考《风电调度运行管理规范》（NB/T 31047—

2013），光伏电站调度运行参考《光伏发电站调度技术规范》（NB/T 32025—2015），分布式新能源管理主要参考《分布式电源调度运行管理规范》（Q/GDW 11271—2014）开展。

2.3.1 新能源优先调度工作规范

为切实提高新能源利用水平，减少新能源限电现象的发生，2013 年国家电网公司发布《新能源优先调度工作规范》（Q/GDW 11065—2013），规定国家电网公司系统新能源优先调度职责分工、工作内容与要求。《新能源优先调度工作规范》内容主要包括新能源优先调度计划编制与新能源实时调度与调整。

2.3.1.1 新能源计划编制相关要求

新能源计划编制以新能源功率预测为基础，在确保电网和新能源场站安全的前提下，优先消纳新能源。根据电力电量平衡周期，新能源计划可分为年度计划、月度计划、日前计划和实时计划。新能源优先调度计划编制依据有关调度规程及场站设计文件、新能源场站实际气象情况及预期气象情况、电网与新能源场站签订的购售电合同、电网和新能源场站的安全运行约束，并遵循以下原则。

（1）新能源发电计划的制定考虑装机容量的变化、线路的输送能力约束等，在确保电网和新能源场站安全运行的前提下，合理安排运行方式，优先消纳新能源。

（2）年度计划建议根据年度气象预测及电网安全运行约束制定，并为新能源留出充足的电量空间，供电力电量平衡时参考。一般包括管辖区域内（含下级调度机构调管）新能源场站的年气象情况预计、年发电量、分月电量预测、年/月发电出力（最大、平均）、新能源消纳能力分析及存在的主要问题和建议等内容。

（3）月度计划在年度分月发电预测的基础上，根据电网运行方式及近期气象预测，对年度分月发电计划进行调整，并为新能源留出充足的电量空间，制定月度发电计划。一般包括管辖区域内（含下级调度机构调管）新能源场站月电量预测、月发电出力（最大、平均）、新能源消纳能力分析及存在的主要问题和建议等内容。

（4）日前计划包括各新能源场站发电计划曲线，计划曲线编制在系统最大消纳能力评估基础上，参考新能源场站上报发电计划形成。新能源日前发电计划协同常规电源发电计划进行全网安全校核。一般包括次日及未来 3 天的短期新能源功率预测、直调新能源场站次日 96 点总计划曲线、各新能源场站次日 96 点计划曲线和日发电量等内容。

（5）实时计划在日前计划的基础上，参考超短期新能源功率预测及电网运行情况对新能源消纳能力进行评估，及时对发电计划进行调整，必要时采取紧急控制手段。实时计划一般包括超短期新能源功率预测结果和后续时段计划曲线。

（6）日前和实时发电计划编制时，由于电网电力电量平衡原因不能全部消纳新能源时，应逐级向上一级调度机构申请联络线电力电量计划调整。上一级调度机构在规定的时间内答复下一级调度机构的调整请求。

（7）由于调峰原因不能全部消纳新能源时，电网旋转备用容量要求满足《电力系统技术导则》（SD 131—1984）的要求；由于电网输送能力不足不能全部消纳新能源时，送出线路（断面）利用率要求不低于 90%。

（8）电网设备检修应与新能源场站设备检修协调安排，尽量减小新能源场站送出设备检修对新能源发电的影响。

2.3.1.2　新能源实时调度和调整相关要求

调度运行人员负责直调新能源场站计划的执行，在实际运行中根据新能源超短期预测结果、电网及新能源场站发输电设备运行等情况，对新能源场站出力适时进行调整。当调度端新能源超短期预测结果与日前计划偏差超过 5%时，调度运行人员将对火电厂、新能源场站出力进行调整。偏差为正时，调度运行人员增加新能源场站的出力，同时降低火电机组出力；偏差为负时，调度运行人员直接修正新能源场站的发电曲线，同时增加火电机组出力。

当电网实时系统不足以消纳新能源出力时，调度运行人员将联系上级调度运行人员修改网间联络线计划。上级调度运行人员接到下级调度提出的联络线计划修改要求后，综合考虑所辖电网内其他调度区域的受电能力、电网约束条件，判断是否可对网间联络线计划进行调整。

当电网调节容量无法满足调频需要，或电网约束条件发生变化影响新能源场站上网送出能力时，综合考虑系统安全稳定性、电压约束等因素以及新能源场站自身的特性和运行约束，实时调整新能源场站的出力；相对火电机组，新能源场站出力调整时应遵循先增后减的原则。

2.3.1.3 新能源优先调度评价指标

含新能源的省级电网优先调度评价指标体系如图 2-3 所示，包含日前评价、日内评价和运行结果评价指标，各评价指标又包含全网评价指标和场站/断面评价指标。

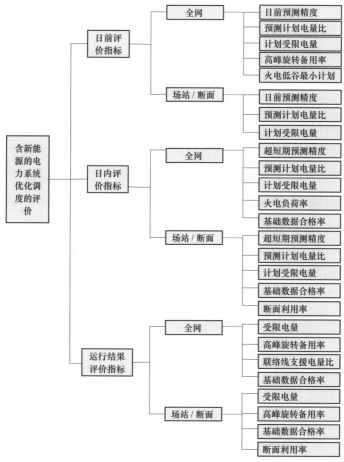

图 2-3 省级电网新能源优先调度评价指标体系

相关指标计算公式如下：

（1）预测计划电量比 α：

$$\alpha = E_{\text{p}} \big/ E_{\text{s}} \qquad\qquad (2-4)$$

式中　　E_{p} ——新能源预测发电量，MWh；

　　　　E_{s} ——新能源计划发电量，MWh。

（2）计划受限电量 E_{c}：

$$E_{\text{c}} = \sum_{t=0}^{T}[P_{\text{th}}(t) - P_{\text{s}}(t)] \qquad\qquad (2-5)$$

式中　　$P_{\text{th}}(t)$ ——t 时刻新能源理论出力，MW；

　　　　$P_{\text{s}}(t)$ ——t 时刻新能源计划出力，MW；

　　　　T ——时间段。

（3）日前/超短期预测精度 β：

$$\beta = 1 - \left| P_{\text{p}} - P \right| \big/ P_{\text{c}} \qquad\qquad (2-6)$$

式中　　P_{p} ——日前/超短期新能源预测出力，MW；

　　　　P ——日前/超短期新能源实际出力，MW；

　　　　P_{c} ——新能源装机容量，MW。

（4）高峰旋转备用率 γ：

$$\gamma = R_{\text{SR}} \big/ R_{\text{total}} \qquad\qquad (2-7)$$

式中　　R_{SR} ——负荷高峰时段旋转备用容量，MW；

　　　　R_{total} ——负荷高峰时段总可调度容量，MW。

（5）火电负荷率 δ：

$$\delta = P_{\text{G}} \big/ P_{\text{GC}} \qquad\qquad (2-8)$$

式中　　P_{G} ——火电机组出力，MW；

　　　　P_{GC} ——同一时刻火电机组额定容量，MW。

新能源优先调度评价的关系如下：省调对本省的新能源优先调度情况进行自评价，并将自评价结果逐级上报至上级调度机构，上级调度机构除了对各省的新能源优先调度情况进行考核外，还需对全网的新能源优先调度情况进行自评价。相比省级电网，上级调度机构优先调度评价指标需增加相邻省新能源受限非重叠时段、联络线支援调整频次、联络线支援电量等。

2.3.2 风电场调度运行管理

当前我国风电场调度运行主要根据《风电调度运行管理规范》（NB/T 31047—2013）等相关管理规定管理，主要针对集中式风电场，包括并网管理、调试管理、调度运行管理、发电计划管理、继电保护和安全自动装置管理、通信运行管理、调度自动化管理等方面。

电网调度机构综合考虑风电场规模、接入电压等级和消纳范围等因素确定对风电场的调度关系。电网调度机构依法对风电场进行调度，风电场应服从电网调度机构的统一调度，遵守调度纪律，严格执行电网调度机构制定的有关规程和规定。风电场运行值班人员严格、迅速和准确地执行电网调度值班调度员的调度指令。

风电场有义务配合电网调度机构保障电网安全，严格按照电网调度机构指令参与电力系统运行控制。在电力系统事故或紧急情况下，电网调度机构通过限制风电场出力或暂时解列风电场来保障电力系统运行安全。事故处理完毕，系统恢复正常运行状态后，电网调度机构应及时恢复风电场的并网运行。风电场及风电机组在紧急状态或故障情况下退出运行，以及因频率、电压等系统原因导致机组解列时，应立即上报电网调度机构，不得自行并网，经电网调度机构同意后按调度指令并网。风电场做好事故记录并及时上报电网调度机构。

风电场需参与地区电网无功功率平衡及电压调整，保证并网点电压满足电网调度机构下达的电压控制曲线。当风电场的无功补偿设备退出运行时，风电场需立即向电网调度机构汇报，并按指令控制风电场运行状态。风电场需具备在线有功功率和无功功率自动调节功能，并参与电网有功功率和无功功率自动调节，确保有功功率和无功功率动态响应符合相关标准规定。电网出现特殊运行方式，可能影响风电场正常运行时，电网调度机构应将有关情况及时通知风电场。

电网输电线路的检修改造应综合考虑电网运行和风电场发电规律及特点，尽可能安排在小风季节实施，减少风电场的电量损失。系统运行方式发生变化时，电网调度机构综合考虑系统安全稳定性、电压约束等因素以及风电场特性和运行约束，通过计算分析确定允许风电场上网的最大有功功率。运行方式计算分析时，按照新能源所有可能出现的出力情况开展分析，并考虑风电功率波动对系统安全稳定性的影响。

并网后的每一天，风电场进行功率预测并制定发电计划，每日在规定时间前向电网调度机构申报发电计划曲线。风电场每 15min 自动向电网调度机构滚动申报超短期功率预测曲线。电网调度机构根据功率预测申报曲线，综合考虑电网运行情况，编制并下达风电场发电计划曲线。电网调度机构可根据超短期功率预测结果和实际运行情况对风电场计划曲线做适当调整，并提前通知风电场值班人员。风电场严格执行电网调度机构下达的计划曲线（包括滚动修正的计划曲线）和调度指令，及时调节有功功率。电网调度机构根据有关规定对风电场功率预测和计划申报情况进行考核。风电场按照电网调度机构的要求定期进行年度和月度电量预测，并统计、分析、上报风电场运行情况数据。

2.3.3　光伏电站调度运行管理

当前我国光伏电站调度运行主要依据《光伏发电调度技术规范》（NB/T 32025—2015）等相关管理规定管理，主要针对集中式光伏电站，包括光伏电站基本要求、光伏电站并网调试、光伏电站调度运行管理、光伏电站发电计划、光伏电站设备检修、光伏电站调度自动化系统、光伏电站继电保护和安全自动装置、光伏电站通信系统等。

光伏电站运行值班人员应执行电网调度机构值班调度员的调度指令。电网调度机构调度管辖范围内的设备，光伏电站按照调度指令执行操作，并如实告知现场情况，答复电网调度机构值班调度员的询问。电网调度机构调度许可范围内的设备，光伏电站运行值班人员操作前报电网调度机构值班调度员，得到同意后方可按照电力系统调度规程及光伏电站现场运行规程进行操作。光伏电站在紧急状态或故障情况下退出运行时，应立即向电网调度机构汇报，经电网调度机构同意后按调度指令并网。光伏电站做好事故记录并及时上报电网调度机构。光伏电站参与地区电网无功功率平衡及电压调整，保证并网点电压满足电网调度机构下达的电压控制曲线。

当光伏电站的无功补偿设备因故退出运行时，光伏电站应立即向电网调度机构汇报，并按指令控制光伏电站运行状态。光伏电站出力为零时，无功补偿设备也需具备电网调用的能力。

光伏电站应在规定时间向电网调度机构申报次日发电计划，每 15min 自动向电网调度机构滚动申报超短期发电计划。光伏电站按照电网调度机构的要求定期进行年度和月度电量预测，并申报年度、月度发电量计划。光伏电站执行电网调度机构下达的计划曲线（包括滚动修正的计划曲线）和调度指令。光伏电站定期统计分析发电计划执行情况，并根据电网调度机构要求上报。

2.3.4 分布式新能源调度运行管理

本节介绍的分布式新能源调度运行管理要求主要涉及以下类型分布式电源：10（6）kV 及以下电压等级接入，且单个并网点总装机容量不超过 6MW 的分布式电源；10（6）kV 电压等级接入且单个并网点总装机容量超过 6MW，年自发自用电量大于 50% 的分布式电源；35kV 电压等级接入，年自发自用电量大于 50% 的分布式电源。分布式电源的类型包括太阳能、天然气、生物质能、风能、地热能、海洋能、资源综合利用发电等。分布式电源主要依据《分布式电源调度运行管理规范》等相关管理规定开展管理，包括并网与调试管理、运行管理、检修管理、继电保护及安全自动装置管理、通信运行和调度自动化管理等。

2.3.4.1 分布式电源运行的基本要求

（1）省级和地市级电网范围内，分布式光伏发电、风电、海洋能等发电项目总装机容量超过当地年最大负荷的 1% 时，电网调度部门需建立技术支持系统，对其开展短期和超短期功率预测。省级电网公司调度部门分布式电源功率预测主要用于电力电量平衡，地市级供电公司调度部门分布式电源功率预测主要用于母线负荷预测，预测的时间分辨率为 15min。

（2）省级和地市级电网范围内，分布式电源项目总装机容量超过当地年最大负荷的 1% 时，电网调度部门需建立技术支持系统，对其有功功率进行监测，监测的时间分辨率为 15min。

（3）分布式电源运行维护方服从电网调度部门的统一调度，遵守调度纪律，严格执行电网调度部门制定的有关规程和规定。10（6）～35kV 接入的分布式电源，项目运行维护方根据装置的特性及电网调度部门的要求制定相应的现场运行规程，报送地市供电公司调度部门备案。

（4）10（6）～35kV 接入的分布式电源项目运行维护方，及时向地市供电公司调度部门备案各专业主管或专责人员的联系方式。专责人员应具备相关专业知识，按照有关规程、规定对分布式电源装置进行正常维护和定期检验。

（5）10（6）～35kV 接入的分布式电源，项目运行维护方指定具有相关调度资格证的运行值班人员，按照相关要求执行地市供电公司调度部门值班调度员的调度指令。电网调度部门调度管辖范围内的设备，分布式电源运行维护方须严格遵守调度有关操作制度，按照调度指令、电力系统调度规程和分布式电源现场运行规程进行操作，并如实告知现场情况，答复调度部门值班调度员的询问。

2.3.4.2　分布式电源正常运行方式下应满足的要求

（1）分布式电源的有功功率控制、无功功率与电压调节满足《光伏发电系统接入配电网技术规定》（GB/T 29319—2012）和《分布式电源接入配电网技术规定》（NB/T 32015）的要求。

（2）省级电网范围内，分布式光伏发电、风电、海洋能发电项目总装机容量超过当地年最大负荷的 1%时，省级电网公司调度部门根据分布式电源功率预测结果调整电网电力平衡。

（3）通过 10（6）～35kV 电压等级接入的分布式电源，纳入地区电网无功电压平衡。地市供电公司调度部门根据分布式电源类型和实际电网运行方式确定电压调节方式。

2.3.4.3　分布式电源在特殊运行方式下应满足的要求

（1）电网出现特殊运行方式，可能影响分布式电源正常运行时，地市供电公司调度部门将有关情况及时通知分布式电源项目运行维护方和地市供电公司营销部门；电网运行方式影响 380/220V 接入的分布式电源运行时，相关影响结果通过地市供电公司营销部门转发。

（2）电网运行方式发生变化时，地市供电公司调度部门综合考虑系统安全约束以及分布式电源特性和运行约束等，通过计算分析确定允许分布式电源上网的最大有功功率和有功功率变化率。

2.3.4.4　分布式电源在事故或紧急控制下应满足的要求

（1）分布式电源应配合电网调度部门的要求以保障电网安全，严格按照电网调度部门指令参与电力系统运行控制。

（2）在电力系统事故或紧急情况下，为保障电力系统安全，电网调度部门限制分布式电源出力或暂时解列分布式电源。10（6）～35kV 接入的分布式电源按地市供电公司调度部门指令控制其有功功率；380/220V 接入的分布式电源需具备自适应控制功能，当并网点电压、频率越限或发生孤岛运行时，应能自动脱离电网。

（3）分布式电源因电网发生扰动脱网后，在电网电压和频率恢复到正常运行范围之前不允许重新并网。在电网电压和频率恢复正常后，通过 380/220V 接入的分布式电源需要经过一定延时后才能重新并网，延时值应大于 20s，并网延时时间由地市供电公司调度部门在接入系统审查时给定，避免同一区域分布式电源同时恢复并网；通过 10（6）～35kV 接入的分布式电源恢复并网须经过地市供电公司调度部门的允许。

（4）10（6）～35kV 接入的分布式电源因故退出运行，应立即向地市供电公司调度部门汇报，经调度部门同意后按调度指令并网。分布式电源需做好事故记录并及时上报调度部门。

第 3 章

新能源发电中长期调度

3.1 新能源发电中长期调度基本概念

电力调度运行管理通过年度、月度、日前、日内和实时等多个时间尺度相互配合、时序递进的平衡方式开展，以逐步消除预测偏差，实现系统安全稳定运行。年度和月度属于中长期调度时间尺度，新能源的中长期调度即为年/月调度。

在非市场环境下，中长期调度一般根据用电量需求预测安排电网运行方式、分配各类电源年/月电量。新能源接入前，政府部门根据各类电源特许权、装机容量、电源类别等因素进行年电量分配，电网企业依据电源检修安排、水电来水、外部送受电等情况进行月度电量平衡与分解。新能源接入后，由于新能源的不确定性，难以在长时间尺度确定新能源电力及电量，若电网运行方式中未将新能源发电纳入电力电量平衡，实际运行中为优先消纳新能源，新能源将占用常规电源电量空间。当系统中新能源比例较大时，新能源和常规电源电量争夺矛盾将非常突出，常规电源年/月电量计划需要做出很大调整才能保证新能源的消纳，此时的新能源属于被动消纳。若将新能源主动纳入年/月电量平衡，一方面可为新能源争取电量空间，减少实际运行中新能源和常规电源的电量争夺矛盾；另一方面可在年/月时间尺度优化电力系统运行方式，优化检修安排、送受电计划安排等，提高系统新能源消纳能力。

常规电源在中长期发电量确定后，其电力可以根据负荷需求进行实时调节，而风电、光伏发电等新能源发电基于实时来风、来光资源情况，按最大能力进行发电，对风电、光伏发电进行调度和控制只能在资源允许的最大发

新能源发电调度运行管理技术

电能力范围内向下调节其发电出力，而此时将造成新能源限电。因此，为最大化消纳新能源，需要对常规可控电源进行优化，为新能源腾出消纳空间。新能源与常规电源在中长期调度运行方面的差异见表3－1。

表3－1　　　　新能源与常规电源在中长期调度运行方面的差异

指标对比	常 规 电 源	新 能 源
设计发电小时	年利用小时理论可达8760h，设计时一般按照5500h计算投资回报	年利用小时按资源全部利用考虑，设计时按机组利用率95%计算投资回报（我国风电年利用小时约1800～2500h，光伏年利用小时约1100～1500h）
一次资源利用	利用煤炭、天然气等燃烧产生的热能、水流势能等发电，其一次资源可大规模存储	利用实时变化的风能、太阳能发电，其一次资源不可以大规模存储
年度发电量	年度发电量由负荷用电量决定，可按照年度发电合同或计划电量滚动调整；调峰能力、输电通道容量限制下达的实时控制调减指令不会对机组的年发电量产生最终影响	年度发电量由资源决定，机组的最终年发电量是资源决定的理论发电量减去新能源限电量；新能源限电发生后，损失的资源无法通过其他时段弥补追回
火电开机方式对发电量影响	火电开机容量偏大时，不影响火电机组的发电量，但影响火电机组平均负荷率，使火电机组的煤耗升高；由于火电机组的煤耗由多种因素决定，开机方式间接影响火电机组发电效益	火电开机容量偏大时，将使全网最小技术出力变大，直接减小全网的新能源消纳空间，增加新能源限电量

新能源具有波动性，不同月份资源量大小差异较大。从表3－1可知，为更好地消纳新能源，需要在年/月调度中将新能源纳入电力和电量平衡，一方面充分利用新能源资源波动特性，合理安排常规电源发电量计划，提前为新能源消纳预留空间；另一方面优化火电机组开机方式，优化电力平衡，避免实际运行中为完成火电发电量而占用新能源消纳空间，减少新能源限电。

综上，新能源年/月调度的作用主要有如下三点：

（1）协调新能源与常规电源电量计划，将新能源发电量纳入年度计划中，争取新能源电量消纳空间。

（2）优化系统检修方式，将设备检修安排在风光资源较少的时段，减少因设备检修带来不必要的新能源限电。

（3）提前考虑全网电力平衡和新能源消纳情况，形成相应的应对措施，减少新能源限电。

（4）保证各电源年度计划有效执行。

考虑到新能源波动特性，新能源中长期调度计划制定方法总体思路如图 3−1 所示。首先，对新能源年/月发电量进行预测，根据电量预测，结合本地新能源发电统计学特征，生成风、光发电时间序列，并基于新能源消纳最大原则，开展电力平衡的时序生产模拟，仿真得到常规电源和新能源的出力和发电量。由于未来长时间尺度的风、光发电时间序列具有随机性，需要开展多次年/月时序生产模拟仿真，以新能源发电量和弃电量期望值作为最终的调度结果输出。

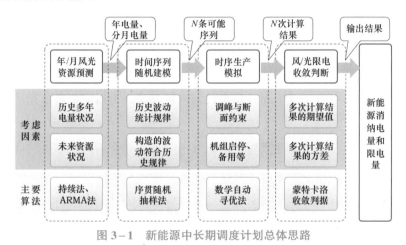

图 3−1　新能源中长期调度计划总体思路

3.2　新能源发电中长期电量预测及出力建模

从中长期来看，新能源电量分布具有季节特性，易造成新能源消纳矛盾的季节性差异。因此，实现对新能源中长期电量预测，并将其纳入中长期新能源调度计划，对于平抑新能源波动、保障电网和新能源场站安全、稳定、经济运行，实现新能源资源的充分利用具有重要意义。因为新能源发电出力具有随机波动性，且风、光资源具有季节性特点，使用新能源典型日发电出力制定中长期调度计划的方法将导致较大偏差，且当前受新能源资源预报技术水平限制，中长期时间尺度的预测主要针对电量进行预估，无法实现新能源逐时刻的功率预测。在新能源中长期电量预测的基础上，开展风电、光伏发电出力随机模拟是新能源中长期调度计划制定的前提条件。

3.2.1 新能源发电中长期电量预测

新能源中长期电量预测结果是安排各类电源年度发电计划及检修计划的基础，此外，在开放的电力市场环境下，它可用于制定合理的电能交易计划，为新能源发电参与电力市场竞价奠定基础。根据新能源调度职责分工的不同，我国省级电网调度机构负责全网新能源的年度电量预测，场站负责本场站的新能源年度电量预测。新能源年度计划依据新能源场站多年气象情况、新能源投产等因素预测年发电量，并在电力电量平衡时为新能源留出充足的电量空间。月度计划在月发电量实时滚动预测的基础上，根据电网运行方式，对月发电计划进行调整，为新能源留出充足的电量空间。

新能源中长期电量预测与短期功率预测具有完全不同的本质特性。因为天气的持续特性和气象内在的物理变化规律，短期尺度下，新能源功率预测可采用数值天气预报输入、在气象资源预报的基础上对新能源功率进行预测。但随着时间尺度的增加，资源预报误差逐步积累，误差呈现逐渐放大的趋势，一般在周时间尺度下，预报精度已无法满足工程应用需求。而中长期预测，以年为预测时间尺度，以月为时间分辨率，无法通过功率预报的模式进行预测，只能进行总发电量预测。

从利用小时数统计来看，新能源年利用小时数与所在地区的资源直接相关，整体上在比较小的范围内上下波动。以无新能源限电的山东省和江苏省为例，2012～2016 年其风电年利用小时数与多年平均偏差一般不超过10%（如图 3-2 和图 3-3 所示）。从图中可以看出，年际资源具有一定的波动性，且地区波动趋势不完全一致，开展新能源中长期电量预测，一方面需要统计历史多年风光资源特征，另一方面需要开展未来气候变化趋势分析。

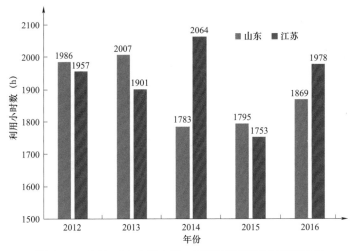

图 3−2　2012～2016 年山东、江苏风电利用小时数变化

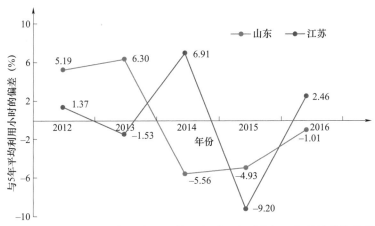

图 3−3　2012～2016 年山东、江苏风电利用小时数与 5 年平均值的偏差

新能源中长期电量预测方法是以多年气象再分析数据为基础，通过对历史气象特征参数（平均风速、风速特征分布等）的提取与分析，建立月度气象参数的双向预测模型：以历史同月的气象参数来预测下一年同月的气象参数，同时基于逐月气象参数滚动预测下一月气象参数。以月度气象预报参数为基础，通过建立不同区域气象参数与全省月度电量的映射模型，实现对月度及年度电量的预测，流程如图 3−4 所示。

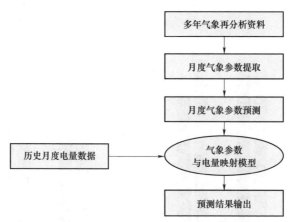

图 3-4　新能源中长期电量预测流程图

（1）气象再分析数据释用。在中长期尺度下，一定空间区域气象资源具有内在的统计规律，因而可采用该统计规律对未来新能源的发电量进行预测，但对统计样本的时间尺度要求较高。工程实际中，难以具备分析区域内各新能源场站所处位置的多年实际气象资料。气象再分析资料引入区域内所具有的观测资料，通过动力降尺度和微观气象学等方法获得目标区域的气象数据。该数据历史时间较长，精度较高，可满足中长期电量预测的需求。表征气象资源的参数较多，通过对气象资源主要参数与新能源发电量的相关性分析发现，能够较大程度反映风、光月度发电量的关键气象参数为月度平均风功率密度、月度平均辐照强度❶。

（2）中长期气象参数预测方法。中长期气象无法通过物理规律进行内在的分析预测，同时中长期尺度下的电量预测，其目标对象为一定时间尺度内的电量总值，因而对发电序列关注度不高，为此气象数据的预测对象可转化为较长时间尺度下的气象统计参数。经分析研究，可通过序列分析的统计方法进行预测，一般可采用卡尔曼滤波方法和自回归滑动平均方法对中长期气象数据进行预测。卡尔曼滤波以最小均方误差为最佳的估计准则，采用信号与噪声的状态空间模型，利用前一时刻的估计值和当前时刻的观测值来更新状态变量的估计，求出当前时刻的估计值。最终算法根

❶ 风功率密度是指与风向垂直的单位面积中风所具有的功率，其数值来源于气象再分析数据。月度平均辐照强度通过统计区域再分析数据中辐照强度的平均值得到。

据建立的系统方程和观测方程，对需要处理的信号做出满足最小均方误差的估计。该方法不仅有滤波器模型，还具有预报器模型，通过对模型参数的估计，实现对观测数据的预报，因而可用于气象参数的预测。

（3）气象参数与电量转化方法。若以新能源总发电量为预测对象，由于区域内各新能源开发区域资源状况存在差异，因此需建立多元线性回归关系，即各点位主要气象参数与发电利用小时数的多元线性回归模型。

$$H = \alpha_1 X_1 + \cdots + \alpha_i X_i + \cdots + \alpha_n X_n + \beta \tag{3-1}$$

式中　　H ——发电利用小时数；

$\quad\quad X_i$ ——气象参数，风电电量预测为月度平均风功率密度，光伏电量预测为月度平均辐照强度；

α_i、β ——回归参量，可通过历史样本，以最小二乘等方法计算得到。

当未来长时间尺度气象资源预报数据不可获取时，可采用时间序列建模方法通过历史发电量序列直接推导次年各月发电量。具体方法是：以历史多年同月电量序列数据为输入，采用自回归滑动平均（auto regressive moving average，ARMA）、卡尔曼滤波等时间序列方法，构建时间序列模型，实现次年同月电量的预测。

3.2.2　新能源发电时间序列随机模拟

新能源中长期电量预测结果为年/月的总发电量，不能直接用于中长期电力平衡运行方式计算，需要在电量预测结果的基础上进一步生成全年逐时刻的新能源发电功率数据，即新能源发电出力时间序列。以风电为例，基于风电年度发电量的预测结果，可以生成多条满足风电出力特性的风电归一化出力❶曲线（见图 3-5）。新能源发电功率时间序列建模是将资源预测得到的一段时间总发电量结果，采用随机模拟方法，得到多种可能的风电/光伏发电时间序列，该发电时间序列需要满足该地区风/光资源波动特性。由于风电和光伏发电与资源的耦合关系具有差异性，因此风电和光伏发电时间序列建模方法有所不同。

---

❶ 归一化出力为出力与装机容量的比值。

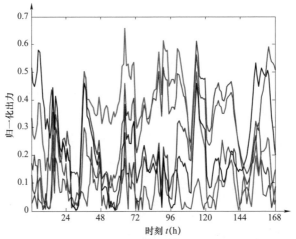

图 3-5　风电出力时间序列随机模拟结果示意图

3.2.2.1　风电时间序列随机模拟

风的形成与风资源的变化与大气中移动的天气系统及其带来的天气过程有关。例如对于某一风电场，寒潮天气系统的经过将给风电场带来大风降温天气，因此，天气过程的复杂性必然导致风电场风资源的复杂性。大气运动形成具有一定结构的天气系统，如气团、锋❶、气压系统等。在某一地区发生的一种天气现象（如降水、大风）从开始至结束的一次过程称为天气过程。

风的波动过程对应着相应的天气过程，因此，可以考虑将风电出力时间序列分解为不同类型的天气过程引起的风电出力波动过程。风电出力由多个起伏的波动过程组成，定义每一个由局部极小值增加到极大值、再由极大值减小到下一个局部极小值的过程为一个风电波动过程。风电波动划分示意图如图 3-6 所示。图中可分析得出风电波动的变化趋势大致为从极小值开始缓慢增加，然后加速增加，最后缓慢增加到极大值，在极大值处缓慢减小，然后加速减小，最后缓慢减小到极小值。每个风电波动过程的持续时间不同，需要采用风电波动过程曲线的特征量对风电波动进行聚类。按风电波动过程的宽度（持续时间）与幅度的差异，

---

❶ 锋为气象用语，指冷暖气流的交界地区。冷暖气团相遇时，它们之间会出现一个倾斜的交界面，称为锋面（锋区）；锋面与地面相交的线，称为锋线。一般把锋面和锋线统称为锋。

可以将风电波动过程分为 4 类：大波动、中波动、小波动和低出力波动。

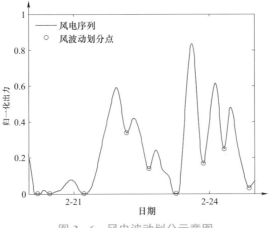

图 3－6　风电波动划分示意图

　　基于波动类别辨识的风电出力时间序列随机建模方法主要步骤包括风电波动类别辨识、风电波动过程转移、序贯随机抽样以及风电出力建模序列指标校验。详细的建模方法如下。

　　（1）风电波动类别辨识。收集建模地区已有风电历史出力样本两年以上数据，根据自然月风电波动过程（特别是大、中、小波动过程）特性的差异对年度自然月份进行分类，将年度 12 个自然月聚类为低出力月份、中出力月份和高出力月份三类。然后，可采用聚类算法辨识为大波动、中波动、小波动和低出力波动，大波动、中波动和小波动可通过自组织映射（self-organizing maps，SOM）神经网络来进行聚类辨识，低出力波动可通过波峰阈值来辨识。

　　（2）风电波动过程转移。一段时间内某一地区总是在某一种类型的天气过程之下，该天气过程决定该时间段内的风资源情况。风电的波动过程受天气过程所控制，天气过程之间的转换没有确定规律。研究表明，风电波动过程服从马尔科夫随机过程❶。在将风电波动辨识为大波动、中波动、小波动和低出力波动四类之后，可根据波动序列统计四类波动间的马尔科

　　❶ 马尔科夫随机过程指一随机过程下一个状态的概率只与当前状态有关，而与之前的状态无关，数学中具有马尔科夫性质的离散事件随机过程称为马尔科夫链。该理论由俄国数学家安德烈·马尔科夫提出。

夫状态转移概率矩阵，风电波动过程类型间的转换情况可采用马尔科夫链来进行模拟。

（3）序贯随机抽样。风电轮廓采用高斯函数拟合，并采用序贯随机抽样得到模拟风电出力过程。抽样流程为：① 随机确定起始波动类别，根据建立风电波动类型间转移概率矩阵，采用序贯抽样确定波动类型；② 根据各类波动的统计参数概率分布抽样各统计参数；③ 计算波动上各点发电出力，得到符合资源变化特性的风电出力时间序列；④ 形成 N 条不同出力场景的风电出力时间序列。

（4）风电出力时间序列指标校验。通过关键指标判断生成的模拟风电出力时间序列与历史风电出力时间序列出力特性是否一致。关键指标包括风电出力时间序列的自相关系数（auto-correlation function，ACF）、偏自相关系数（partial auto correlation function，PACF）、概率密度函数（probability density function，PDF）、短时波动特性以及各月的出力均值、标准差等。其中，ACF 和 PACF 描述了风电序列自身的时变特性，体现风电出力不同时刻的相关程度；风电出力的概率分布体现风电出力的范围和分布特性；短时波动性体现风电短时最大波动幅度的范围和分布特性；各月的均值与标准差体现风电出力的月特性。

3.2.2.2　光伏发电时间序列随机模拟

光伏发电的能量来源于太阳辐射，太阳辐射可以分为直射辐射和散射辐射。直射辐射为未改变照射方向，以平行光形式到达地球表面的太阳辐射，散射辐射为经由大气层散射和反射后改变方向的太阳辐射。太阳总辐射为以上两种到达地面的太阳辐射之和。太阳辐射强度的大小和变化是影响光伏发电出力的关键因素。

光伏发电主要受太阳辐照的影响，表现为白天发电，晚上停发，同时，云层的遮挡会导致光伏发电出力急剧下降。根据统计，百兆瓦级光伏电站出力秒级最大降幅可达 50% 以上。因此，光伏发电也同风力发电一样，具有间歇性、波动性以及随机性的特点，但由于太阳辐照的变化较风能规律性更强，光伏发电的规律性也强于风力发电。

考虑到光伏发电的物理过程，光伏发电出力时间序列可以分解为净空确定性部分和天气特征不确定性部分（也叫遮挡因子部分）。因此，光伏发电出力时间序列随机建模步骤主要包括基于净空模型的光伏发电相对出力、天气类型划分与转移概率、序贯随机抽样、光伏发电出力建模序列指标校验。详细的建模方法简述如下。

（1）基于净空模型的光伏发电相对出力。光伏发电的净空理论出力取决于净空无任何遮挡情况下的太阳辐射强度，其为时间、地理位置以及光伏电池板倾斜角的解析函数。太阳辐射强度由日地之间的相对位置直接决定，影响地球上某一点辐射强度的因素是该点与太阳光的夹角，在地理学上表现为太阳高度角。通过太阳高度角以及光伏阵列相对于地平面的倾角，可以准确计算净空模型的光伏发电出力。光伏发电净空出力确定后，即可计算历史出力与净空出力之间的比值。

（2）天气类型划分与转移概率。天气特征不确定性部分可理解为不同云层遮挡以及天气状态引起的发电出力变化，结合气象特征和光伏发电出力特性，可将光伏电站的日发电出力曲线分为晴天、多云、阴天和变化天气 4 种典型类型，其中变化天气为天气状况的转移，如阴转多云、阴转雨、雨转阴等。不同类型下的光伏发电量、功率波动情况有较大差别，因此天气类型划分的实质就是对各日光伏发电出力曲线进行类别划分。类似于风资源的变化情况，各日天气过程（曲线类型）之间的转换也服从于马尔科夫随机过程，可考虑采用马尔科夫链来模拟各种天气过程（即各种类型光伏发电曲线）之间的转换，其转移概率矩阵根据历史数据统计得到。

（3）序贯随机抽样。在统计得到光伏发电出力时间序列的概率特征之后，利用序贯随机抽样构造光伏发电出力时间序列，主要是采用序贯随机抽样方法从相对出力水平、爬坡斜率等统计参数中进行随机抽取；然后通过光伏相对发电出力模型来计算得到各日各时刻的相对发电出力；最后用净空模型还原得到模拟的光伏发电出力时间序列。

（4）光伏发电出力序列指标校验。与风电出力时间序列建模类似，模拟生成的光伏发电出力时间序列，其发电出力特性应与所构建地区的历史光伏发电时间序列特性相符。通常需要校验的指标包括概率分布、15min 最大波动、60min 最大波动、ACF 等。

3.3 新能源发电中长期时序生产模拟

时序生产模拟是逐时段模拟电力系统生产运行情况，对发电系统的运行和决策都起着重要作用。其中短时间尺度的生产模拟一般为几个到几十个小时不等，可以优化系统运行方式，为调度部门提供合理的发电计划，提高新能源消纳能力；长时间尺度的生产模拟时间尺度可以是数月或数年，可以模拟不同的装机规模、电网结构等条件下新能源生产情况，为新能源产业发展规划及电网建设规划提供参考依据。新能源时序生产模拟广泛应用于电力电量平衡和发电生产计划安排。

新能源中长期时序生产模拟是中长期调度计划制定的主要方法，它是指在给定时间段内的电力系统运行边界条件下，结合系统历史运行特性，逐时段模拟电力系统电力平衡，以分析目标电网的新能源消纳情况和应对措施。由于模拟的是未来长时间尺度的电力平衡情况，不确定因素较多，涉及电网规划、运维检修、调度、交易等多个方面，各方面提供的边界条件对计算结果的准确性至关重要。因此，考虑到各种约束条件的变化，新能源中长期时序生产模拟是一个反复分析和迭代的过程，主要目的是发现调度运行管理中存在的问题和有效的解决方案。从计算流程来看，新能源中长期时序生产模拟计算主要分为数据准备、计算边界条件设定、案例计算、结果及敏感性分析 4 个环节。

3.3.1 数据准备

新能源中长期时序生产模拟需要准备的数据包括计算时段内电源、负荷和联络线等数据，对于随时间变化的序列数据，数据时间分辨率为 15min 或者 60min。电源类数据包括火电机组、水电机组、核电机组、抽水蓄能电站和新能源场站等；负荷数据基于负荷出力特性，综合考虑计算时段负荷增长情况和社会经济发展情况综合预测得到；联络线数据包括跨省联络线和跨区联络线电量及功率序列；除此以外，还包括电网备用容量、供热起始时间等数据。各类数据详见表 3-2。

表 3-2　　　　　　　新能源中长期时序生产模拟所需数据

分　类		所　需　数　据
电源	火/水电	(1) 机组类型、台数; (2) 额定功率,最小技术出力、调节速率; (3) 水库库容、调节周期; (4) 无调节性能水电厂典型出力
	风电/光伏发电	(1) 分月并网容量; (2) 时序发电出力序列
	抽水蓄能	(1) 机组台数及额定功率; (2) 水库库容; (3) 转换效率
	核电	(1) 机组台数及额定功率; (2) 最小技术出力、调节速率
电网	跨省/区联络线 新能源送出断面	(1) 联络线计划的时间序列; (2) 联络线运行功率上下限、电量约束; (3) 新能源送出断面限额
负荷	负荷	(1) 历史典型负荷曲线及指标; (2) 负荷增长率
其他数据	备用容量	(1) 正备用容量; (2) 负备用容量
	供热期	供热初、中、末期时段
	储能设备	(1) 额定容量; (2) 充放电效率; (3) 输出功率范围

3.3.2　计算边界条件设定

为简化数据处理工作量,同时降低计算求解复杂性,新能源中长期时序生产模拟计算宜采取电网聚合模型。电网聚合模型是根据计算分析的目的和要求、电网输电断面送受限情况等,对目标电网结构进行简化和处理,得到一个及几个聚合电网。电网聚合模型内不再考虑内部电网连接的拓扑结构,各电源和负荷不受其物理位置的影响,连接到同一节点。电网聚合模型的建立原则包括以下 3 个方面:

(1) 计算目标电网可包含 1 个及以上聚合电网,可根据电网断面输电约束划分聚合电网。多个聚合电网之间的耦合关系应与实际电网运行相符合,可准确描述各电源发电受阻断面信息。

（2）电网聚合模型建立前后不影响电网的电力电量平衡，建立电网聚合模型时应考虑火电、水电等电源的电量约束。

（3）聚合电网内包含多个新能源场站时，宜合并为新能源发电总出力，风电和光伏发电宜分别合并。聚合电网内的负荷宜合并为总负荷。

新能源中长期时序生产模拟考虑的边界条件涉及电力系统全年运行的多个方面，主要包括电源、电网、负荷以及运行方式四类数据，相关边界条件以及需要考虑的详细内容见表3-3。

表3-3　　　　　　　　　　新能源时序生产模拟的边界条件

分类	边界条件	相关内容
电源	火/水电	（1）机组类型（火电：纯凝/供热，水电：有调节能力/无调节能力）； （2）调节能力（爬坡率/最小技术出力）； （3）装机容量（台数、单机容量）
	新能源	（1）包括风电、光伏发电出力序列； （2）并网容量及分布情况； （3）基于中长期电量预测得到的利用小时数
	抽水蓄能	（1）库容（上水库/下水库）； （2）调节能力（爬坡率/最小技术出力）； （3）装机容量（台数、单机容量）； （4）转换效率
	核电	（1）装机容量（台数、单机容量）； （2）调节能力（爬坡率/最小技术出力）
电网	跨省/区联络线 新能源外送断面	（1）控制模式（固定/灵活可调）； （2）输电能力
负荷	负荷	（1）负荷特性序列； （2）负荷增长情况
运行方式	最小开机方式	（1）火/水电最小运行台数； （2）火/水电最小技术出力
	备用容量	最小正/负备用容量
	交易方式	大用户直供交易/发电权交易电量

3.3.3 案例计算

新能源时序生产模拟将系统负荷、发电机组出力看作随时间变化的时间序列，系统负荷与机组出力之间的平衡关系看作产出与需求间的供需平衡关系,在这种约束下优化目标函数,得到最优安排。对于每一次优化和计算,可看作是一个案例(即场景),中长期调度是一个分析和优化过程,需要进行大量的案例计算。

新能源中长期时序生产模拟模型基于时序方法建立,它保留负荷曲线形状随时间变化的特点,以 15min 或者 1h(时间分辨率也可以为15min 整数倍)为单位模拟系统运行。一天的模拟结果如图 3-7 所示。紫色曲线为负荷曲线,时间分辨率为 1h。黑色曲线为外送联络线出力(送出为正,受入为负)。深蓝色为负荷出力和联络线出力之和(等效负荷)。黑色虚线为开机方式设定的常规机组最大出力。浅蓝色虚线为开机方式中设定的常规机组最小技术出力,根据设定的开机方式,机组的出力需满足当天高峰负荷运行的要求。深红色面积填充为火电机组出力。绿色面积填充为风电可发出力,也即系统可消纳的风电出力空间,这个空间是能够消纳风电且不用火电机组启停的空间,当风电理论发电出力在这个空间内时,则系统可以完全消纳所有的风电;反之则可能会出现风电限电。橙色面积填充则为风电理论发电出力超过风电消纳空间时出现的限电。以 03:00 为例,负荷 5000MW,火电最小技术出力为3850MW,火电最大出力为 7400MW,联络线送出 1150MW,此时系统可消纳风电的空间为 2300MW,由于风电理论出力为 2850MW,那么此时会出现风电限电 550MW。系统从 03:00 运行到 04:00,此时负荷增长 220MW,联络线受入不变,火电仍以最小技术出力运行,此时系统可消纳风电空间增加到 2520MW,风电限电减小到 230MW。案例计算中,新能源中长期时序生产模拟方法基于电力系统最基本的实时生产过程,保证每个时间断面各种电源发出的电力以及联络线输送电力与负荷需求保持相等,并将时间断面向前不断推进。由于各时间断面之间具有连续性,时间间隔确定,任何一个时间断面过渡到下一个时间断面时,应满足电力系统运行的各种约束条件,如发电机组功率约束、爬坡约束、启停时间约束等。

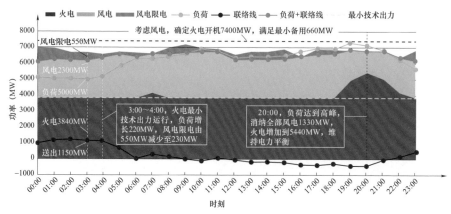

图 3-7　时序生产模拟结果示意图

案例计算中除考虑边界条件的变化外，还应考虑风光发电出力的不确定性，基于 3.2.2 节新能源发电出力时间序列的随机模拟结果，开展多次案例计算，并分析判断计算结果的收敛情况。当多次计算结果的期望值随着计算次数增加变化很小时，可认为无需再增加案例计算，结果达到计算要求，最终将得到的期望值作为可纳入电力系统的新能源发电量和限电量。以我国北方某省级电网为例，建立新能源中长期时序生产模拟模型，基于 3.2.2 节方法生成 300 条风电出力时间序列分别开展模拟计算，计算得到的风电限电率分布结果如图 3-8 所示。风电限电率范围为 28%～35%，取期望值后，得到风电限电率为 31.5%。从测算结果分析可知，采用上述方法得到可纳入电力平衡的新能源发电（限电）量结果具有一定的随机性，但其

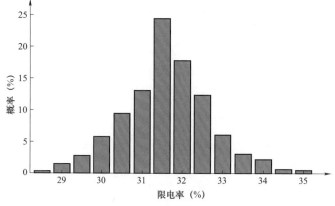

图 3-8　基于 300 条风电序列计算得到的风电限电率分布图

变化范围较小，具有较强的规律性，即使新能源短时出力波动变化，不会大幅改变新能源最终发电（限电）量结果。

3.3.4　结果及敏感性分析

新能源中长期时序生产模拟结果包括新能源消纳电量、新能源限电量、年度利用小时数等，除此之外，常规电源、跨省/区联络线、输电断面的运行结果也可以通过新能源中长期时序生产模拟得到，这些结果即是新能源中长期调度所需结果。新能源中长期时序生产模拟结果受电源、电网、负荷、运行方式等多种因素影响，为量化不同因素对计算结果的影响程度，需要开展敏感性分析计算。敏感性分析计算通常针对新能源装机容量、发电资源量、水电来水情况以及负荷增长等方面开展，详细要求如下：

（1）新能源装机容量敏感性。受电网新能源发展规划、新能源并网容量投产时序以及历年新能源并网增量的影响，新能源中长期时序生产模拟需分析不同新能源并网容量下的电力平衡情况。一般计算目标时段内预计新能源最大装机容量、平均装机容量和最小装机容量三种情况。

（2）发电资源量敏感性。新能源发电资源量受长期气候特征的影响，新能源中长期时序生产模拟需综合历年资源总量变化情况，分析在不同新能源资源量及理论发电能力下的电力平衡情况。一般计算资源量偏丰、资源量平均和资源量偏枯三种情况。

（3）水电来水情况敏感性。新能源中长期时序生产模拟需考虑水电来水情况。水电来水情况受气象因素影响，需结合中长期水文预报结果，分析在不同来水条件下的水电发电量和新能源中长期时序生产模拟结果。一般计算来水偏丰、平水和偏枯三种情况。

（4）负荷增长敏感性。电力系统负荷和全社会用电量受国民经济的影响，新能源中长期时序生产模拟需依据不同的负荷预测水平，分析计算在不同负荷水平和负荷特性下的电力平衡情况。一般计算高、中、低三种负荷预测水平。

3.4 新能源发电中长期调度计划制定流程

新能源中长期调度计划主要制定年度及分月电量计划，其结果是短期运行的约束条件。考虑到时间尺度长，边界条件可能发生变化，一般每月/每季度可根据年度计划完成情况滚动修正未完成月份的计划。其中年度计划制定涉及政府部门、电网企业和发电企业多个单位，持续时间长，管理过程更加复杂，是中长期调度计划中最重要的环节。整体上，新能源中长期调度计划依据新能源场站多年气象情况及电网安全运行约束，综合考虑设备检修、新设备投产以及送出工程投产计划等因素分析电力系统电力电量平衡情况，计算得到可纳入电力系统的新能源发电量和限电量，制定过程中采用的技术为新能源时序生产模拟技术。

从电网调度管理角度来看，新能源中长期调度计划一般包括管辖区域内（含下级调度机构调管）新能源场站的年气象情况预计，年发电量、分月发电量预测，年、月发电出力（最大、平均），新能源时序生产模拟分析结果及存在的主要问题和建议等内容。

新能源场站是新能源年度计划的发起者和受益者，需要首先提出自身发电需求，参与调度计划编制。新能源中长期调度计划制定流程主要包括以下部分：

（1）各新能源场站每年 10 月前向电网调度机构上报次年风/光发电资源预测，调度机构根据中长期气象预测及新能源历史运行数据，利用风电、光伏发电时间序列建模方法生成全网范围内风/光发电理论发电能力。

（2）电网调度机构根据《电力系统安全稳定导则》开展大电网安全稳定运行方式计算，得到考虑各种暂态和稳态条件下的电网安全运行边界条件，并作为新能源时序生产模拟的约束边界。

（3）综合考虑电网、新能源场站的检修计划，新能源场站投产、电网送出工程投产计划及电网安全约束，依据 3.3 节给出的新能源时序生产模拟方法，开展中长期时序生产模拟分析计算，制定新能源中长期调度计划，形成新能源发电和限电调度计划建议预计划。

（4）组织有关部门会商协调,依据全网和各新能源场站年度发电计划,以优先消纳新能源电量为目标,确定新能源年度及月度电量计划。

（5）在实际执行过程中,根据各类电源年度计划完成情况、负荷情况及新能源发电情况,按月/季度向相关部门提出年度计划调整建议。

新能源中长期调度计划编制主要流程如图 3-9 所示。

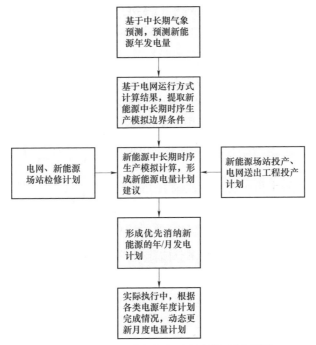

图 3-9　新能源中长期调度计划编制流程图

第 4 章

新能源发电日前/日内调度

目前，以风电和光伏发电为代表的新能源已成为内蒙古、甘肃、吉林等地区的主要电源之一，在日常电力生产中发挥着与火电、水电等常规电源同等重要的作用。但是，新能源发电出力具有很强的随机性和间歇性，随着其在电网中比例的加大，电网调峰、调频压力越来越大，系统安全稳定运行受到威胁。当新能源比例较小时，其发电可作"负"的负荷波动进行管理，无需制定新能源发电计划；而当新能源发电功率的大小与负荷预测偏差的大小相当或者接近时，有必要将新能源发电纳入日前和日内调度计划的范畴，加强对新能源场站的运行管理，防止其处于"自由"运行状态而导致限电。通过将新能源发电纳入日前和日内调度计划，可以统筹协调安排常规机组和新能源发电计划，保障常规机组日前计划的有效性及新能源发电空间，减少实时控制中的机组计划调整及新能源限电量。本章介绍新能源发电日前/日内调度计划制定及实施方法，为实际运行管理提供参考。

4.1 新能源发电日前/日内消纳能力评估

4.1.1 新能源发电日前/日内消纳能力评估的作用

新能源发电具有随机波动的特点，在以常规电源为主的电力系统日前/日内调度计划中考虑新能源，首要解决的问题是掌握电力系统当前状态下还能够消纳多少新能源发电，当电力系统消纳能力不足，需要新能源限电时，能否通过常规电源深度调峰、联络线短期支援、负荷侧参与调峰等措施提升新能源消纳。由于这些提升新能源消纳的措施涉及协调工作，需要调度运行人员能够及时准确地掌握新能源消纳能力，因此，在日前/日内时间尺度，准确评估新能源发电消纳能力是优先消纳新能源、制定合理新能源发电计划的基础。

传统的新能源发电消纳能力评估范畴较广，既可以针对电力系统规划，也可以针对电力系统调度运行。本章中，新能源发电消纳能力评估主要为解决传统调度计划制定模式下新能源发电如何纳入的问题，它是常规机组计划和新能源发电计划制定的基础。因此，新能源发电日前/日内消纳能力评估的作用主要体现在以下几方面：

（1）连接传统调度计划制定和含新能源的电力系统调度计划制定的桥梁。通过日前/日内消纳能力评估，及时协调常规电源和联络线计划。

（2）优先调度新能源、减少新能源限电的重要手段。通过每日直观反应电力系统消纳新能源的瓶颈，促进各方面措施改进，从而提高系统整体新能源利用率，促进电网和新能源发电健康协调发展。

（3）优化管理流程，高效沟通协调的工具。涉及新能源消纳的各方可以根据新能源发电日前/日内消纳能力评估结果，获取各自相关信息，优化相关管理措施，促进新能源消纳。

4.1.2　影响日前/日内新能源发电消纳能力的因素

电网安全稳定运行的基本要求之一是确保电力系统实时功率平衡，避免出现频率偏差，甚至失负荷。大规模间歇性、波动性新能源的接入在一定程度上增加了调度运行难度，一方面，为确保系统的功率平衡，需频繁调节常规机组的出力以平衡新能源发电的波动；另一方面，我国很多地区的新能源基地处于电网末端，需借助较长的输电线路将电量送出，新能源基地的安全稳定运行问题突出。因此，电网的调峰/调频、调压及输电能力在很大程度上是制约新能源消纳能力的瓶颈。

4.1.2.1　调峰约束

调峰是指按照一定的安全与经济调度原则，调整发电机组的出力，以满足负荷变化的过程。调峰能力包括调峰速率与调峰容量两方面，调峰速率指发电机组增、减负荷的速度,向下调峰容量指正常运行的机组出力和运行机组的最小技术出力之差。调峰能力与电源结构、常规机组调节特性、发电计划及联络线功率交换计划等因素有关。大规模新能源发电并网后,常规机组除了要跟踪负荷变化外,还需要跟踪风电、光伏发电功率的随机波动。以风电为例,基于调峰能力约束的风电消纳能力示意图如图4-1所示。从图中可以看出,为消纳风电,火电机组长时间处于最小技术出力水平运行,且此时已经出现了风电限电情况,即常规电源向下调峰能力为零,只能通过风电限电满足电力平衡。

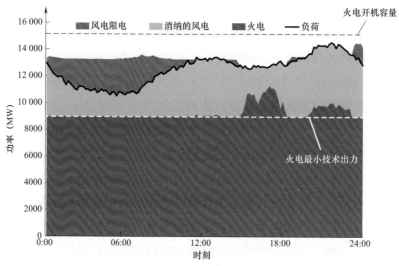

图4-1 基于调峰能力约束的风电消纳能力示意图

在不考虑电网输送能力约束的电网,电网调峰约束下的新能源发电消纳能力与负荷预测、联络线计划、机组组合方式和备用容量等相关联,计算公式为

$$P_f = P_p^L + P_s^F - P_{\min}^G - R_- \tag{4-1}$$

式中 P_f——调峰受限下新能源消纳能力,MW;

   P_p^L——总负荷预测功率,MW;

   P_s^F——联络线计划功率,MW;

   $P_{\min}^G$——常规电源最小出力,MW;

R_-——系统负备用容量需求，MW。

从式（4-1）可以看出，在负荷和联络线计划确定的条件下，若常规机组最小技术出力较大，则新能源消纳能力较低。调峰约束下新能源发电消纳能力为零或负值时，需要采取非常规深度调峰手段，降低常规电源最小技术出力，以满足系统调峰和消纳新能源需求。一般来说，有调节能力水电站、燃气机组最小技术出力可为零，而火电机组有最小技术出力约束，因此，式（4-1）中 $P_{\min}^G$ 大小与电网火电机组开机容量有关，开机容量越大，最小技术出力越大，越不利于新能源消纳。当电网运行中火电比重较小时，则最小技术出力也将变小，系统调峰能力可显著增加。

4.1.2.2 电网输送能力约束

我国"三北"地区风、光资源丰富，新能源基地多建设在负荷需求较少的电网末端，新能源场站通过汇集站的形式逐级升压输送。对于新能源发电汇集点来说，电网输送能力是制约新能源消纳的最直接影响因素。将大规模新能源发电所汇集的变电站或地区视为一个小型电网来考虑，受当地负荷、常规电源调峰能力、其他地区电力送入、该地区电力送出能力及电网中其他关键断面的稳定限额限制等因素的影响，可以计算电网输送能力约束下该地区能够消纳新能源发电的能力。当该地区新能源发电预测功率超过该消纳能力时，需要对新能源发电出力进行限制。

电网输送能力约束下的新能源发电最大消纳能力一般为局部电网的新能源消纳能力，它与当地负荷水平、常规电源最小出力、其他地区电力送入、该地区送出断面稳定限额之间的关系为

$$P_g^n = P_{n,p}^L + P_{n,l}^F - P_{n,\min}^G - P_{n,\text{in}}^t \qquad (4-2)$$

式中　P_g^n ——电网输送能力约束下地区 n 的新能源消纳能力；

$P_{n,p}^L$ ——地区 n 的负荷预测功率；

$P_{n,l}^F$ ——地区 n 的送出断面稳定限额；

$P_{n,\min}^G$ ——地区 n 的常规电源最小出力；

$P_{n,\text{in}}^t$ ——其他地区送入地区 n 的功率。

送出断面稳定限额是电网输送能力约束下制约新能源消纳能力的关

键，该限额由多种因素决定，包括输电线路热稳定极限、弱送端电网电压失稳制约、新能源设备耐频耐压能力不足导致的脱网风险制约等，多种因素取极小值即为该送出断面稳定限额。

4.1.2.3　间接因素分析

由式（4−1）和式（4−2）可知，不管是考虑电网输送能力制约的局部电网新能源消纳能力，还是考虑调峰能力的全网新能源消纳能力，送出断面稳定限额、常规电源最小出力、联络线、负荷都是影响新能源消纳能力的因素。本小节将这些因素归纳为间接因素，它们数值水平的大小与众多因素相关，当前这些因素主要制约瓶颈分析如下：

（1）送出断面稳定限额。送出断面稳定限额影响局部地区新能源送出，其原因一方面是由于输电线路热稳定极限限制；另一方面是由于弱送端电网电力系统暂态稳定制约。在新能源发展初期，我国部分地区新能源发展与电网发展不协调，新能源发电开发规模和建设进度远超规划，相应配套送出的电网工程难以适应不断调整的新能源规划，电网跨省跨区输电建设严重滞后，运行中只能利用历史形成的、承担供电、配电任务或有明确送电任务的输电线路输送新能源发电，导致输电线路送出线路/断面限制新能源消纳。此外，百万千瓦级乃至千万千瓦级风电、光伏发电基地建设在电网末端，部分地区短路容量小，电压敏感性强，通过电力电子设备并网的新能源发电单元过电压、过电流能力弱，一方面易发生大面积脱网事故，另一方面也容易引起电网电压安全问题，导致新能源送出断面稳定限额难以提升。

（2）常规电源最小出力。在负荷一定水平下，新能源出力大将导致常规机组出力小，与常规电源相比，新能源转动惯量非常小，这将导致系统转动惯量下降，抗扰动能力下降。以我国新能源装机比重较大的西北电网和东北电网为例，西北送端电网中，目前风电和光伏发电装机占比超过30%，到2020年将超过50%。由于风电机组转动惯量小、光伏发电没有转动惯量，而且目前新能源机组尚不参与调频、调压，因此西北电网的抗扰动能力等同于下降30%和50%以上。西北电网负荷水平6800万kW、损失350万kW功率的情况下，若网内无风电，频率下跌0.65Hz；若网内风电出力达到 1200 万 kW，频率下跌 0.95Hz，比无风电时增加 0.3Hz。东北电网负荷水平 5500 万 kW，在伊穆直流闭锁缺失 300 万 kW 功率的情况下，若网内无风电，频率下跌 0.7Hz；若网内风电出力达到 1000 万 kW，频率下跌 1.1Hz，将引发低频减载动作（49.2Hz）（见图 4−2）。在当前的电力系统安全稳定分析与技术手段下，为了保证电网转动惯量满足运行要求，通常要求电网中必须保证一定水平的常规电源出力，即常规电源最小出力，作为电网运行必须满足的约束条件。

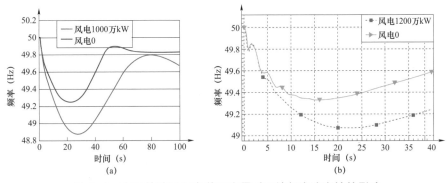

图 4−2 电网故障时风电装机容量对系统频率稳定性的影响

（a）东北电网；（b）西北电网

（3）联络线电力和电量要求。我国的电网调度主要以省内平衡为主、省间和区域互济为辅，客观上造成跨省电网联系薄弱，联络线输送电力受到限制，制约了新能源外送。此外，联络线电量交易为两个经济相对独立省份之间的电量交易，其结果涉及两个省份之间的经济利益，因此，联络线电量交易受到政府的相关制约。联络线电力和电量的约束导致省内新能源不能全额消纳而邻省有空间时，难以互济消纳。

（4）负荷特性。根据电力系统功率平衡的要求，新能源发电消纳功率与常规机组出力之和需与负荷功率时刻相等，因此，系统负荷水平的高低直接决定了电网可消纳新能源发电水平。另外，负荷峰谷水平的高低还直接决定了系统机组的开机方式，从而决定了系统整体调峰能力，这也进一步影响系统的新能源发电消纳能力。不同的负荷类型对供电的可靠性及电能质量的要求不一样，对于供电电能质量要求较低的大型负荷，可以利用新能源发电直接供电的模式来一定程度提高新能源发电的消纳水平。对于系统的可控负荷，可以积极开展需求侧管理等举措改变负荷水平，提高新能源发电消纳能力。因此，系统负荷特性也是影响新能源发电消纳能力的关键因素之一。

（5）新能源功率预测精度。新能源场站无法保证可靠的出力，在可靠性要求百分百的前提下，可纳入电力平衡的新能源功率预测结果几乎为零。也就是说，在制定日前开机计划时，需要给新能源发电提供备用容量（即计算备用容量时，新能源功率为零，常规机组不得不增大开机容量满足备用要求，实际运行中当新能源有出力时，常规机组的可发电功率成为额外的备用容量）。在新能源渗透率较低的情况下，这样处理不会带来很大的问题。但在新能源渗透率日益增加的背景下，新能源功率预测结果不全额纳入将导致日前发电计划中常规机组开机容量过大，显著提高发电成本。更严重的是，"三北"地区电网以煤电机组为主，缺乏可在日内灵活启停的机组，因此，常规机组开机数目过多，将增加总的最小技术出力，降低系统调峰能力，进而制约系统对新能源的消纳，常规机组开机数目过少，将可能出现电力不足风险。一般来说，随着新能源发电功率预测精度的提高，可纳入备用容量计算的可靠容量增加，进而减小常规机组的开机容量，从而减少已开常规机组总的最小技术出力，有利于提高电网新能源发电消纳能力。目前，我国新能源发电功率预测精度仍然受制于数值天气预报水平及复杂地形、天气条件等因素，有待进一步提高。

4.2　新能源发电日前消纳能力评估模型

新能源发电日前消纳能力评估既需要考虑全网调峰约束，又需要考虑电网输送能力约束，属于全局最优决策问题。新能源发电日前消纳能力评估结合新能源功率预测结果和电网运行边界条件，以新能源发电消纳能力最大为优化目标，以各新能源场站可上网有功功率为研究对象，建立优化模型并快速求解，以获得全网和受限地区的新能源发电消纳情况。

4.2.1 目标函数

为尽可能多地消纳新能源发电，将调度时段内新能源上网电量 E 最大作为模型的优化目标，即

$$\max E = \sum_{t=1}^{T} \left(\sum_{j=1}^{N^W} P_j^W(t) \Delta T + \sum_{j=1}^{N^{PV}} P_j^{PV}(t) \Delta T \right) \qquad (4-3)$$

式中 N^W、N^{PV}——风电场和光伏电站总数；

$P_j^W(t)$、$P_j^{PV}(t)$——t 时刻风电场 j 和光伏电站 j 的上网功率（消纳功率），MW。

根据此目标函数优化出的新能源消纳总电量和各时段新能源上网功率，即为该电力系统的新能源消纳能力。

4.2.2 约束条件

新能源发电日前消纳能力评估的约束条件包括有功功率平衡约束、常规机组出力约束、爬坡约束、旋转备用约束、新能源发电功率约束和传输线路容量约束等。

（1）有功功率平衡约束：

$$\sum_{i=1}^{N^G} u_i(t) P_i^G(t) + \sum_{j=1}^{N^W} P_j^W(t) + \sum_{j=1}^{N^{PV}} P_j^{PV}(t) - P^F(t) = P^L(t) \qquad (4-4)$$

式中 $P_i^G(t)$——时刻 t 常规机组 i 的发电功率，MW；

$u_i(t)$——时刻 t 常规机组 i 停止或者运行状态（0 或 1）；

$P^F(t)$——时刻 t 的联络线功率，MW；

$P^L(t)$——时刻 t 的负荷，MW；

N^G——常规机组总数。

（2）常规机组出力约束：

$$P_{i,\min}^G \leqslant P_i^G(t) \leqslant P_{i,\max}^G \qquad (4-5)$$

式中 $P_{i,\min}^G$——常规机组 i 的最小技术出力，MW；

$P_{i,\max}^G$——常规机组 i 的最大技术出力，MW。

（3）爬坡约束：

$$P_i^G(t) - P_i^G(t-1) \leqslant \Delta T \Delta_{i,\mathrm{up}}^G \qquad (4-6)$$

$$P_i^G(t-1) - P_i^G(t) \leqslant \Delta T \Delta_{i,\text{down}}^G \qquad (4-7)$$

式中 $\Delta_{i,\text{up}}^G$、$\Delta_{i,\text{down}}^G$——常规机组 i 最大增、减出力速率，即爬坡率，MW/h；

            ΔT——时间间隔，h。

（4）旋转备用约束。

为应对负荷、机组非正常停运等异常情况，确保电力系统安全稳定运行，电网运行时需要在电力平衡的基础上保留一定的发电容量作为备用，包括向上调节的正备用容量和向下调节的负备用容量。在大规模新能源接入后的电力系统，正备用容量计算时将新能源预测出力作为新能源可发电能力，但是实际中，新能源可能会出现不能达到预测出力的情况，为预防这种情况发生后的安全稳定运行风险，需要在原有的基础上增加备用容量。电力系统正旋转备用主要包括负荷备用及事故备用两种。其中负荷备用一般取最大负荷的 2%～5%，大系统采用较小的值，小系统采用较大的值，事故备用一般取网内最大常规机组容量。考虑新能源接入后的系统备用容量约束为

$$\sum_{i=1}^{N^G} u_i^G(t) P_{i,\max}^G + \sum_{j=1}^{N^W} P_j^W(t) + \sum_{j=1}^{N^{PV}} P_j^{PV}(t) - P^F(t) - P^L(t) \geqslant R^+ \qquad (4-8)$$

$$P^L(t) + P^F(t) - \sum_{i=1}^{N^G} u_i^G(t) P_{i,\min}^G \geqslant R^- \qquad (4-9)$$

式中 R^+、R^-——电网运行所需的正、负备用容量，MW。

（5）新能源发电功率约束。

新能源发电是一种不确定性电源，在日前调度时首先要对未来新能源发电功率进行预测。一般来讲，可将新能源发电功率预测值作为新能源出力参与电力平衡，新能源发电功率可在此范围内向下调节。在新能源日前消纳能力评估过程中，为最大消纳新能源，一般可将考虑预测误差的新能源最大出力或者新能源装机容量作为出力上限参与电力平衡。新能源发电功率约束为

$$P_j^W(t) \leqslant P_{j,\max}^W(t) \qquad (4-10)$$

$$P_j^{PV}(t) \leqslant P_{j,\max}^{PV}(t) \qquad (4-11)$$

式中　$P_{j,\max}^{W}(t)$、$P_{j,\max}^{PV}(t)$——t 时刻风电和光伏发电的最大出力，MW。

（6）输电线路传输容量约束。

输电线路传输容量约束主要是指通过线路的有功功率应不大于该线路的传输功率限值。

$$\left| P_k^l(t) \right| \leqslant P_{k\max}^l \ , \quad k \in \Omega_L \qquad (4-12)$$

式中　$P_k^l(t)$——t 时刻支路 k 的有功功率，MW；

　　　$P_{k\max}^l$——支路 k 最大传输功率限值，MW；

　　　k——支路编号；

　　　Ω_L——支路集合。

（7）机组最小连续运行与停机时间约束。

火电机组的启停需要进行一系列复杂的操作，涉及燃烧锅炉和汽轮机的启停。如果锅炉启停过于频繁，将导致炉管接头损耗的加剧，若汽轮机启停过于频繁，将导致连接汽轮机与发电机的轴承部分受热不均，缩短轴承寿命。因此，在制定日前调度计划时必须考虑常规机组启停的技术条件限制。在新能源消纳能力评估过程中既可以考虑火电机组启停，开展全局优化，也可以不考虑机组启停，将机组启停作为约束条件。火电机组不能频繁启停的表现方式之一，便是发电机组的连续运行时间和连续停机时间，可将这两项指标作为约束条件。

最小连续运行时间约束为

$$[T_{i,on}^G(t-1) - T_{i,on\min}^G][u_i^G(t-1) - u_i^G(t)] \geqslant 0 \qquad (4-13)$$

最小连续停机时间约束为

$$[T_{i,off}^G(t-1) - T_{i,off\min}^G][u_i^G(t) - u_i^G(t-1)] \geqslant 0 \qquad (4-14)$$

式中　$T_{i,on}^G(t-1)$、$T_{i,off}^G(t-1)$——$t-1$ 时刻常规机组 i 累积连续运行时间和累积连续停机时间，h；

　　　$T_{i,on\min}^G$、$T_{i,off\min}^G$——常规机组 i 的最小连续运行时间和最小连续停机时间，h。

式（4-3）～式（4-14）构成了电网日前新能源消纳能力评估模型。

其中，优化目标为式（4-3）新能源发电上网电量最大，约束条件为式（4-4）～式（4-14）。该模型能够以优先消纳新能源为出发点，得出在已定边界条件下新能源的消纳情况。新能源日前消纳能力评估在预计划制定和正式计划下达前，可根据边界条件变化，进行反复更新迭代。

4.3 新能源发电日内消纳能力评估模型

新能源日内消纳能力评估在日内实时运行过程中开展，对计算速度的要求很高，在线和实时性更强。随着负荷预测和新能源超短期预测数据更新、电网运行边界条件变化等，新能源日内消纳能力评估按调度时段要求每 15min 滚动更新一次，评估未来 4h 的新能源消纳能力，为日内实时决策提供参考。

4.3.1 目标函数

新能源发电日内消纳能力评估模型的目标函数为未来 4h 时间内新能源发电消纳总电量最大，即新能源限电量最小。考虑到新能源场站数量多，需要将限电量分配到每一个新能源场站，而每一个新能源场站预测功率和并网性能不一致，基于公平限电原则，将其目标函数设为

$$\text{Min} \sum_{t=1}^{T} \left\{ \sum_{j=1}^{N^W} \left[\frac{P_j^{CW}(t)}{C_j^W} \right]^2 \Delta T + \sum_{j=1}^{N^{PV}} \left[\frac{P_j^{CPV}(t)}{C_j^{PV}} \right]^2 \Delta T \right\} \quad (4-15)$$

式中　N^W、N^{PV} ——风电场和光伏电站总数；

$\qquad j$ ——风电场和光伏电站编号；

$P_j^{CW}(t)$、$P_j^{CPV}(t)$ ——t 时刻对风电场 j 和光伏电站 j 的限电功率，MW；

$\qquad C_j^W$、C_j^{PV} ——风电场 j 和光伏电站 j 的等效容量系数，其数值考虑新能源场站并网性能在装机容量的基础上进行增减调整。

4.3.2 约束条件

新能源发电日内消纳能力评估模型的约束条件包括有功功率平衡约束、常规机组出力约束、机组爬坡约束、线路传输容量约束、新能源场

站出力约束等。

（1）有功功率平衡约束：

$$\sum_{i=1}^{N^G} u_i(t)P_i^G(t) + \sum_{j=1}^{N^W} P_j^W(t) + \sum_{j=1}^{N^{PV}} P_j^{PV}(t) + P^F(t) = P^L(t) \quad (4-16)$$

式中 $P_i^G(t)$ ——时刻 t 的常规机组 i 的发电功率，MW；

$u_i(t)$ ——时刻 t 的常规机组 i 停止或者运行状态（0 或 1）；

$P^F(t)$ ——时刻 t 的联络线功率，MW；

$P^L(t)$ ——时刻 t 的负荷，MW；

N^G ——常规机组总数。

（2）常规机组出力约束：

$$P_{i,\min}^G \leqslant P_i^G(t) \leqslant P_{i,\max}^G \quad (4-17)$$

式中 $P_{i,\max}^G$ ——常规机组 i 的最大技术出力，MW；

$P_{i,\min}^G$ ——常规机组 i 的最小技术出力，MW。

（3）机组爬坡约束：

$$P_i^G(t) - P_i^G(t-1) \leqslant \Delta T \Delta_{i,\text{up}}^G \quad (4-18)$$

$$P_i^G(t-1) - P_i^G(t) \leqslant \Delta T \Delta_{i,\text{down}}^G \quad (4-19)$$

式中 $\Delta_{i,\text{up}}^G$、$\Delta_{i,\text{down}}^G$ ——常规机组 i 最大增、减出力速率，即爬坡率，MW/h；

ΔT ——时间间隔，h。

（4）线路传输容量约束：

$$\left|P_k^l(t)\right| \leqslant P_{k\max}^l \ , \quad k \in \Omega_L \quad (4-20)$$

式中 $P_k^l(t)$ ——支路 k 的有功功率，MW；

$P_{k\max}^l$ ——支路 k 最大传输功率，MW；

k ——支路编号；

Ω_L ——支路集合。

（5）新能源出力约束：

一般来讲，日内功率短期预测精度已经较高，新能源的计划出力应小于其功率预测值（即理论发电功率），即存在如下约束：

$$P_j^W(t) \leqslant P_{j,\max}^W(t) \qquad (4-21)$$

$$P_j^{PV}(t) \leqslant P_{j,\max}^{PV}(t) \qquad (4-22)$$

式中 $P_{j,\max}^W(t)$、$P_{j,\max}^{PV}(t)$——t 时刻风电和光伏发电的最大理论出力，MW。

（6）旋转备用约束：

$$\sum_{i=1}^{N^G} u_i^G(t)P_{i,\max}^G + \sum_{j=1}^{N^W} P_j^W(t) + \sum_{j=1}^{N^{PV}} P_j^{PV}(t) - P^F(t) - P^L(t) \geqslant R^+ \qquad (4-23)$$

$$P^L(t) + P^F(t) - \sum_{i=1}^{N^G} u_i^G(t)P_{i,\min}^G \geqslant R^- \qquad (4-24)$$

式中 R^+、R^-——电网运行所需的正、负备用容量，MW。

式（4-15）～式（4-24）构成新能源发电日内消纳能力评估模型，由于不涉及机组组合问题，该模型可以采用常规方法快速求解，能够满足实时在线运行要求。

4.4 新能源发电调度计划及实施

4.4.1 新能源发电出力计划模式

基于新能源功率预测结果，新能源发电和常规电源一样需要制定日前调度计划曲线，但是，由于新能源出力的不确定性及预测结果的不准确性，新能源出力的计划曲线将有别于常规机组的 96 点计划曲线，新能源发电的计划将是包含预测不确定度的计划带。在制定新能源出力计划时，首先进行日前消纳能力评估，若出现新能源场站出力限制，即新能源发电进入限电运行时段，在该时段，由于系统不期望新能源有过多的出力，新能源发电的计划将只设定运行上限，只要新能源场站出力低于该限值，甚至出力为零均可以接受，运行下限可不设约束。因此，从时段上来分，整个新能源发电的计划应分限电时段计划和非限电时段计划，在限电时段和非限电时段，计划范围设定原则分别考虑。调度运行人员在做全网计划时，需要首先考虑新能源发电在设定的区间范围内运行，合理安排其他机组的计划。

新能源总发电计划曲线如图 4-3 所示。

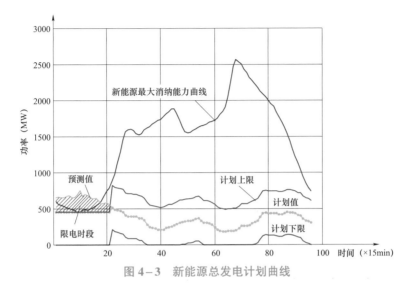

图 4-3　新能源总发电计划曲线

4.4.2　新能源计划编制流程

电网调度计划制定过程中，安全可靠运行是首要考虑的目标，其次才是经济性，因此新能源发电计划制定过程中要充分考虑其对电力系统安全稳定运行的潜在风险。根据消纳能力评估结果，确定是否产生新能源限电，如果无需限电，则新能源基于预测结果制定计划下发执行；如果需要限电，则需根据各场站发电能力预测，进行发电计划调整限制，并下发执行。

由前述章节可知，新能源发电受限原因主要为电网调峰能力不足和电网输送能力限制。调峰限电一般发生在负荷低谷时段，全网新能源场站均需参与发电限制，而输送通道受限可以出现在一天中任何时段，且参与限电分配的为接入该输送通道的部分新能源场站。

不管是调峰限电还是输送通道限电，新能源发电计划包含限电时段和非限电时段。在非限电时段，单个新能源场站的计划可以按照预测值和误差带的方式确定，但在限电时段，新能源发电总限值需要分配到各个新能源场站，最终得到各场站的新能源计划。

基于消纳能力评估的新能源发电日前计划制定流程如图 4-4 所示。

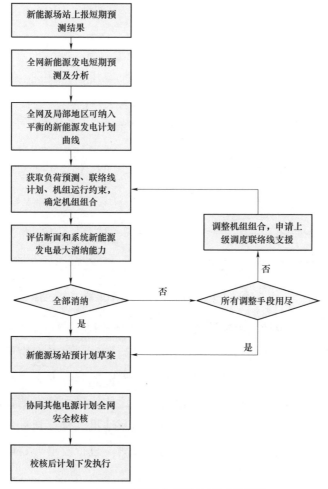

图4-4 新能源发电日前计划制定流程

4.4.3 新能源场站调度分配原则

如上所述，省级电网新能源发电总出力计划可根据新能源发电消纳能力及新能源功率预测结果来制定，对于新能源发电非限电时段，各新能源场站可根据自身功率预测结果来制定发电计划，新能源场站出力只要保证在预测误差偏差范围内即可。但对于新能源发电限电时段，如何将限电总量合理有效分解分配到各个新能源场站，从理论上来说有多种简单易行的算法，但实际执行中，往往受管理和政策等方面的影响，需综合考虑各种因素。目前，对于新能源场站优先调度及限电管理方法尚无可参考的相关政策，也没有统一的标准操作要求，是未来新能源发电大规模发展后亟待解决的问题。考虑到实际运行中的可操作性、公平性并促进新能源场站技术水平的提高，可以将新能源场站涉网性能考核排序作为限电功率分配的原则，即对新能源场站涉网性能相关指标进行打分评级，评分较低，则排序靠前，优先限制其发电。

4.4.3.1　新能源场站涉网性能考核指标

为鼓励新能源场站提高自身设备的技术水平及管理运营水平，减少其对电力系统安全稳定运行的影响，可对新能源场站涉网性能进行考核。东北、西北、华北等多个能源监管局也已将新能源涉网性能指标纳入《发电场并网运行管理实施细则》，包含了新能源功率预测准确率、上报率、合格率等考核指标。根据多年的新能源场站并网运行经验，新能源场站功率预测准确率、有功功率控制能力、无功功率控制能力、故障穿越能力等对电网安全稳定运行的影响较大，且目前各场站技术水平相差较大，有较大的提升空间，可列入涉网性能考核指标。

1.　新能源功率预测准确率

新能源功率预测是调度计划制定的基础，新能源场站上报的预测功率准确性直接关系到全网调度计划制定的准确性。当新能源功率预测误差较大时，系统内的火电机组因需要平抑预测误差而偏离其最佳运行曲线，影响系统的经济运行。为鼓励提高新能源场站功率预测的准确性，可对其上报的功率预测曲线准确率进行考核，计算方法如下

$$\delta_i^w = \left\{ 1 - \sqrt{\frac{1}{T} \sum_{t \in T} \left[\frac{P_i^W(t) - P_{i,p}^W(t)}{P_{i,C}^w} \right]^2} \right\} \times 100\% \qquad (4-25)$$

式中　　　δ_i^w ——新能源场站 i 在 T 时段内预测曲线的准确率；

　　　　　$P_{i,C}^w$ ——新能源场站 i 的并网容量，MW；

$P_i^W(t)$、$P_{i,p}^W(t)$ ——分别为 t 时刻新能源场站 i 的实际功率和预测功率，MW。

若新能源场站 i 在部分时段处于限电状态，则在运行过程中可标记出这些时段，对限电时段的功率预测准确率免于考核。

2.　有功功率控制能力

新能源场站的有功功率控制能力决定了其能否准确执行调度下发的调度计划和实时控制指令，其一方面直接关系到电力系统运行的安全；另一

方面也关系到将有限的消纳空间分配给其他新能源场站。因此，对新能源场站的有功功率控制能力进行考核，可鼓励提高新能源场站有功功率控制能力，包括控制响应速度和控制精度。然而，受风、光资源不确定性因素的制约，对新能源场站的有功功率控制不同于对常规电源的控制，当新能源资源条件较差时，场站的有功功率输出可能无法达到调度指令的要求。因此，在对新能源场站的有功功率控制精度进行考核时，仅需关注其有功功率输出大于调度指令要求的部分，而小于调度指令的部分可视为合格。

3. 无功电压控制能力

目前，我国很大一部分新能源场站通过集群汇集后接入电网末端，当地负荷小，不能全额消纳，需要通过远距离输电线路送到负荷中心消纳，冀北、青海、甘肃等多个地方的实践表明，此种电网结构下的电压安全问题非常突出。新能源场站的无功电压控制能力直接影响着当地电网的电压安全，新能源场站的无功电压控制能力显得非常重要。此时，可根据现有的并网标准《风电场接入电力系统技术规定》（GB/T 19963—2011）、《光伏发电站接入电力系统技术规定》（GB/T 19964—2012）对风电场和光伏电站无功设备的配置容量、无功电压控制响应时间、控制精度等方面进行考核。

4. 故障穿越能力

短路故障是电力系统常见的故障之一。风电机组和光伏发电单元通过电力电子设备并入交流电网，过电压和过电流耐受能力弱，电网短路故障容易触发自身保护装置动作而造成连锁大规模脱网，此时，电网安全稳定运行风险隐患非常大。故障穿越能力是在电网故障的情况下，新能源发电设备尽最大可能保持与电网的连接，维持其并网运行的能力。因此，具有故障穿越能力的新能源发电设备将有利于整个电网的安全稳定运行。由于我国新能源发展速度快，一大部分不具备故障穿越能力的新能源场站需要改造，为鼓励新能源场站技术升级，可对发电单元的故障穿越能力进行考核。故障穿越能力的性能指标差异较大，难以评判，一般可采用具备和不具备故障穿越能力来量化其打分规则。

由于涉及多个指标，且每个场站可能接收到的调度控制指令频次和内容不同，难以对考核结果进行统一量化，因此可根据实际情况，制定规则对各项涉网性能指标进行打分，形成可叠加的量化结果。考虑到管理过程中的针对性，可对每一项涉网性能指标设置一定权重，最后计算得到新能源场站涉网性能考核的综合得分，作为指导新能源场站的优化调度指标。考核指标实施的主要目的是提高新能源场站并网技术水平，一般情况下，一段时间可重点关注 1～2 项指标，各项涉网性能指标的权重可根据不同需求情况进行滚动调整。

4.4.3.2 考核结果的应用

受调峰约束和电网输送能力约束等限制，目前我国部分地区已难以全额消纳新能源。而各新能源场站隶属于不同的企业或者利益实体，因此在对各新能源场站进行限电分配时，需要兼顾分配的公平、公正性。通过对新能源场站涉网性能考核，可以得到每个场站的综合打分结果。在新能源面临受限的情况下，可根据涉网性能考核打分结果进行限电分配，打分较高的场站受限功率较少，即可以获得较大的发电空间。该方法既体现了调度的公平、公正，也激励了新能源场站主动提升自身的涉网性能，从而有利于新能源的健康有序发展。

考核打分到新能源限电分配可以有很多种方法，其中一种方法是根据考核打分结果修正新能源场站基准容量，然后再按照基准容量等比例的原则对所需限电的总功率进行分配，即

$$P_{i,c}^W = \frac{P_{i,ceq}^W}{\sum_{i \in N^W} P_{i,ceq}^W} P_c^W \qquad (4-26)$$

$$P_{i,ceq}^W = \frac{\overline{S^W}}{S_i^w} P_{i,cap}^W \qquad (4-27)$$

式中　P_c^W——所需要限电功率的总和，MW；

$P_{i,c}^W$——场站 i 的限电功率分配结果，MW；

N^W——参与分配的场站数量；

$P_{i,ceq}^W$——场站 i 的限电基准容量，MW；

S_i^w——场站 i 的涉网性能考核得分结果；

$\overline{S^W}$——所有场站的涉网性能考核平均得分；

$P_{i,cap}^W$——场站 i 的装机容量，MW。

可以看出，在相同条件下，对于涉网性能考核得分较高的新能源场站，其限电基准容量较小，在采用按场站基准容量等比例限电的原则进行限电功率分配时，其所分配的限电功率也比较少，从而达到激励新能源场站主动提升其涉网性能指标的目的。

图4-5为根据新能源场站涉网性能考核指标评分结果对新能源场站排序限电分配流程。

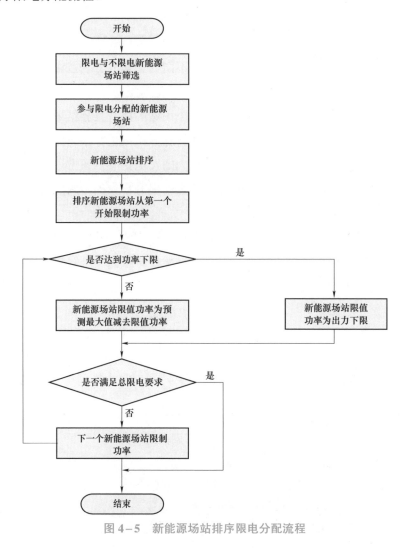

图4-5 新能源场站排序限电分配流程

　　首先以新能源场站考核指标评分结果为基础，筛选出参与限电分配的场站，参与限电的场站根据排序每次将被分配相应的限电功率，直至限电总功率满足要求。限电新能源场站的实际出力将不得超出限电时段给定的上限值，其出力下限可以不做规定。

第 5 章

新能源发电实时监测与控制

　　风能、太阳能是新能源发电的原动力，其资源特性决定了新能源场站输出功率的特性。通过建立新能源发电实时监测与控制手段，可以对新能源开发区的资源进行实时评估，及时掌握区域新能源资源的时空分布规律，为新能源功率预测、新能源限电量计算提供数据，为新能源场站的规划及运行后评估提供依据，对改善新能源集中并网地区的电网安全运行水平具有重要意义。

5.1　新能源发电与资源监测

5.1.1　新能源发电监测

　　新能源发电监测是对新能源场站并网点、风电机组/光伏逆变器、场内馈线、箱式变压器、逆变器、无功补偿等设备的运行状态、发电信息进行全面采集和处理，包括区域新能源运行监测、新能源场站单机运行监测、新能源发电能力监测和新能源数据质量监测。其中，区域新能源运行监测是对全网范围内新能源场站接入位置、运行情况、功率预测、计划执行、出力波动等情况进行监测；新能源场站运行监测是对全网范围的新能源场站、场内馈线、风电机组、逆变器等设备的地理位置、基本信息、运行状态等情况进行监测；新能源发电能力监测是对新能源发电能力变化、未来预测趋势等进行综合监测；新能源数据质量监测是对海量新能源数据的接入状态和数据质量进行在线分析，辨识各新能源场站、设备的采集数据

质量及数据接入是否异常。以风电为例，风电场实时功率监测如图 5－1
所示。

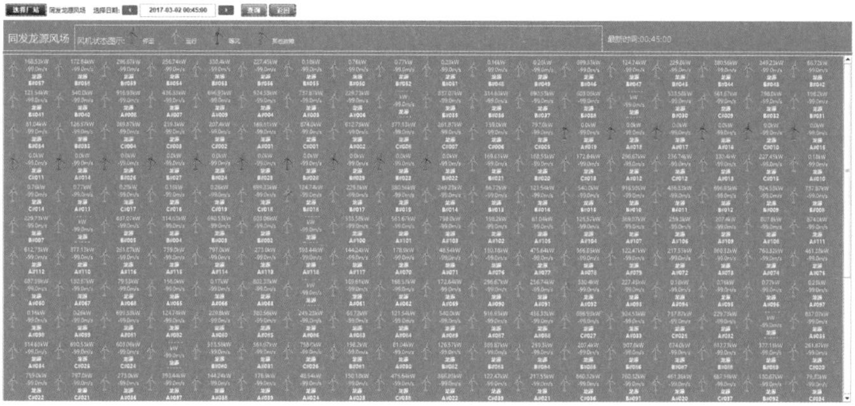

图 5－1　风电场实时功率监测

新能源发电监测的数据主要包括电网设备数据、新能源基础模型、新
能源实时数据、资源预测数据、新能源超短期功率预测数据、电网运行数
据、日前发电计划、新能源场站及单机实时数据、新能源场站可用功率、
全网新能源消纳能力、新能源场站运行遥测、遥信等数据。

（1）电网设备数据：设备静态拓扑连接关系；线路、主变压器、容抗
器等设备的阻抗、容量、限值等参数；直流输电相关设备及其参数。

（2）新能源基础模型：新能源场站并网点、风电机组馈线、风电机组、
箱式变压器、逆变器、无功补偿等设备的运行状态。

（3）新能源实时数据：新能源实时有功功率值和新能源场站运行状态。

（4）资源预测数据：风速、风向、辐照度等气象预测数据。

（5）新能源超短期功率预测数据：新能源场站未来 15min～4h 超短期有
功功率预测数据。

（6）电网运行数据：母线电压、机组/负荷功率、变压器分接头位置的
初始值；设备投运状态；断路器/隔离开关的分/合状态；直流输电系统的
直流功率、控制方式、换流变抽头位置等。

（7）日前发电计划：新能源场站日前发电计划有功功率计划值。

（8）新能源场站及单机实时数据：新能源场站及单机运行的实时有功功率值和单机运行状态。

（9）新能源场站可用功率：新能源场站的可用功率和新能源场站的发电状态。

（10）全网新能源消纳能力：全网新能源消纳能力数据。

（11）新能源场站运行遥测、遥信数据：新能源场站有功功率、无功功率、电压等遥测、遥信数据。

5.1.2 气象与风光资源监测

气象与风光资源监测是通过对测风塔、气象站等内部信息采集，以及气象局等外部气象采集信息的接入，对气象变化情况进行实时监测，主要包括实时气象监视和风光资源监测。其中，实时气象监视是基于测风塔、气象站、气象局等气象采集信息，对各层高风速、风向、温度、湿度、辐照度等气象数据进行监视；风光资源监测是基于实时测风、测光数据，采用风能、光能计算模型，实时计算区域风光资源，并对资源数据进行监视。

气象与风光资源监测使用的数据包括测风塔观测数据、光伏电站环境监测站观测数据、区域内的地形地貌数据、自动气象站采集信息、气象实时和历史天气要素数据、气象预报产品及气象灾害信息等。

气象和风光资源监测信息可基于地理信息进行展示，直观表现风速、风向、辐照度等影响风、光出力的气象因素变化情况。

5.1.3 新能源发电理论功率和限电量评估

新能源发电理论功率反映了新能源场站在实际风况、辐照度等资源条件下理论上所能发出的电力情况，可用于合理评估并改善新能源发电功率预测精度，科学评估新能源场站的限电量，是新能源发电优先调度评价的数据基础，是实现新能源优先调度的重要支撑。下面以风电为例说明限电量评估方法。

（1）根据风电机组所在位置的测风数据，结合风电机组功率曲线，采用线性插值的方法计算得到单机的理论功率，所有风电机组的单机理论功率累加得到全场理论功率。

（2）采用风电场非限电且所有风电机组正常运行时段的历史实发功率和同期的全场理论功率建立回归模型，采用最小二乘等优化算法对全场理论功率修正，得到经过修正的风电场理论功率。

（3）对风电场实发功率进行积分，得到风电场上网电量。

（4）风电场理论可发电量采取非限电时段和限电时段分别计算。风电场限电时段通过调度控制指令下达的时间确定。非限电时段的理论发电量即该时段风电场上网电量；限电时段的理论发电量基于限电时段的理论发电功率积分得到。

（5）限电时段内理论发电量与实际上网电量相减得到风电场限电量。

某省风电实际功率和理论功率（样板机法和测风塔外推法）曲线如图 5-2 所示。

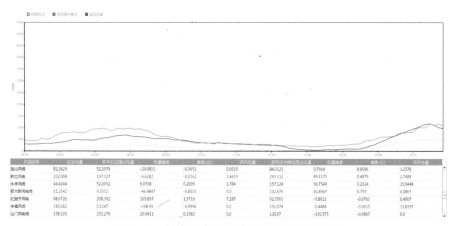

图 5-2　某省风电实际功率和理论功率曲线

5.2　电网侧新能源调度计划滚动调整与实时控制

日前新能源发电调度计划应以新能源发电短期功率预测为基础制定场站的发电计划，由于新能源发电短期预测误差较大，在日内有可能会发生新能源发电实际出力偏离计划值较大的情况。为了执行日前计划，在实际发电能力超出计划上限时，新能源场站不得不降出力运行，造成发电电量的损失。在实际发电能力低于计划下限时，系统将面临缺电风险。因此，为了尽可能多地利用新能源，有效组织管理新能源场站，系统需根据新能源发电的超短期预测结果对新能源场站的发电计划进行实时调整。

5.2.1 滚动调整基本要求

实时运行中，调度员应监视新能源发电出力情况，并根据系统运行情况适当调整发电计划，新能源实时发电计划调整可通过实时消纳空间计算和新能源发电实时计划制定两个步骤完成。负荷超短期预测和新能源发电超短期功率预测是日内实时计划调整的基础，根据相关标准要求，新能源发电超短期功率预测指未来 15min～4h 的预测结果，时间分辨率不小于15min，因此，新能源实时发电计划调整最多可延伸至第 4h。

新能源发电实时消纳空间制约因素包括网架约束和调峰约束。日内运行中，机组组合已基本确定，在此基础上，根据常规机组调峰范围、负荷超短期预测结果、联络线计划和备用容量等，可更新日前调峰约束和网架约束下电网能够消纳新能源的空间。由于负荷超短期预测和新能源超短期预测是滚动更新的，新能源发电实时消纳空间也应同步滚动更新。

新能源实时发电计划调整应基于实时消纳空间评估结果，滚动调整各场站计划。当实时消纳空间超过日前计划上限，且新能源超短期预测结果超过日前计划上限时，应增大新能源发电计划安排，优先消纳新能源；当实时消纳空间低于日前计划上限，且新能源超短期预测结果大于消纳空间时，应首先采取机组深度调峰措施优先消纳新能源，其次可向上级调度申请联络线调整，提高消纳空间，在所有提高新能源发电消纳空间手段用尽的情况下才应减小新能源发电计划安排，以保障在系统安全稳定运行下最大化消纳新能源；其他情况下，新能源场站应按日前计划执行，以保证日前计划的有效性。

由新能源实时发电计划调整方法，可得到新能源发电计划调整流程，以风电为例，风电实时计划调整流程如图 5-3 所示。风电场上报超短期预测结果，调度中心进行全网风电超短期功率预测，并根据当日运行情况进行日前计划执行情况分析；调度根据调峰约束和网架约束评估全网风电的实时消纳能力，并判断是否有实时消纳空间。若有消纳空间，则根据风电的超短期预测判断风电是否有能力多发电量，若有，则调整提高风电的计划出力；若风电实时消纳空间不足，则可通过机组深度调峰、申请联络线支援等手段提高消纳空间，消纳空间仍然不足时需要调整风电计划出力。

最后，实现实时调整计划的下发。限电时段风电场的实时计划分配根据考核评价结果等情况进行排序分配。

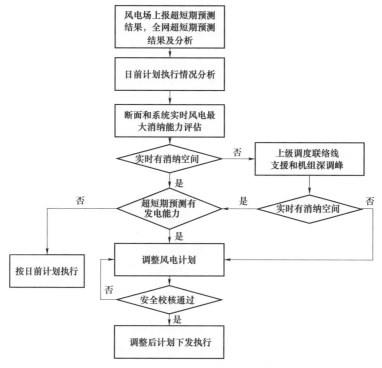

图 5-3　风电实时计划调整流程图

5.2.2　集群控制方法

同一控制区内，当新能源占负荷比重非常大时，即使日前调度计划和日内实时计划调整考虑新能源发电，但由于新能源发电和负荷超短期功率预测仍有一定的误差，且受常规机组爬坡速率等因素的影响，实时调度中仍存在发电难以跟踪负荷的功率波动，需要系统中的机组执行 AGC 指令，跟踪系统频率变化和（或）联络线交换功率。随着技术的进步以及系统运行需求，新能源发电像常规电源一样参与系统二次频率调整逐渐成为技术发展趋势。

现有的新能源控制技术中，对于双馈风电机组和永磁直驱风电机组，利用桨距角控制、转速控制、偏航控制、扭矩控制等方式可以实现提供有功功率备用、减出力调节、负荷跟踪、频率跟踪等功能，参与系统有功功率控制。对于光伏发电来说，也可以通过光伏阵列控制、直流母线电压控制、逆变器输出控制等方式在一定范围内参与有功功率调节，辅助电网安全稳定运行。从现有的系统运行情况来看，风电场与光伏电站直接参与系统 AGC 控制，即意味着限电，成本和控制难度较大，在常规可控电源仍可满足要求时，新能源没有必要参与系统 AGC 控制。

从新能源场站是否参与系统有功功率控制角度，调度侧 AGC 主站可分为两种控制模式。

（1）新能源场站不参与系统 AGC 二次调频控制。全系统的有功功率波动和不平衡电力应由常规的水、火电机组承担，调度中心主站 AGC 系统参考负荷频率特性、一次调频特性以及投入 AGC 功能机组的数量和调整速率等因素进行协调控制。当新能源装机占系统负荷比例较小，一般小于 5%～10%时，采用这种控制模式是可行的。但是当新能源装机比例非常大时，负荷和新能源叠加的波动将大幅增加，而用于平衡这种波动的常规电源总容量却在减少，单纯依赖常规机组热备用进行调节将难以满足系统频率稳定控制要求；此时，需要重新考虑系统新能源场站参与 AGC 控制模式。

（2）新能源场站参与系统 AGC 二次调频控制。当新能源并网容量占系统负荷比例较大时（如高于 20%），新能源场站必须像常规电源一样成为系统中有效调节电源，承担起系统有功功率调节和电网频率控制的任务，才能保证系统安全稳定运行。为优先调度新能源，应减少对新能源的控制，当区域控制偏差（area control error，ACE）在正常调节区时，新能源应不参与调节，当 ACE 在次紧急调节区和紧急调节区时，应将新能源纳入系统调频任务，辅助系统频率稳定控制。

与常规电源 AGC 控制相同，新能源场站参与系统 AGC 二次调频控制。一方面，需在调度中心 AGC 主站侧加入新能源场站运行信息，包括输出功率、调节上下限值、运行状态、控制模式等；另一方面，新能源场站侧需建立 AGC 子站控制系统，接受调度控制指令，在新能源场站出力可调范围内参与系统二次调频控制。

对于存在输电通道限额的新能源场站,由于新能源发电功率的波动性,为避免安全风险,传统的控制方式（调度员人工指令）一般按照通道限额的 90%对新能源场站出力进行控制。若新能源场站建立了 AGC 控制系统,通过参与精细化的 AGC 控制,可以使新能源出力尽可能接近通道送出极限,将通道利用率提升至 97%左右,提高新能源送出能力（见图 5-4）。

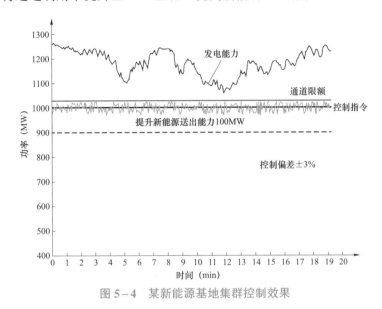

图 5-4　某新能源基地集群控制效果

5.3　新能源场站有功功率/无功电压自动控制

5.3.1　新能源场站有功功率控制

为保证电网运行安全,在新能源消纳困难时段,调度需要给新能源场站下发计划曲线,要求新能源场站的实发功率不大于下发的计划值,即对风电和光伏发电进行有功功率控制。然而,与常规电源不同,风电和光伏发电是典型的随机间歇性电源,输出功率只能下调,不能上调。在执行调度计划时,新能源场站难以充分利用调度端下达的最优发电计划曲线,造成发电计划偏差,这样既降低了自身的经济收益也对系统的经济运行产生了不利影响。

虽然配备储能可以实现很好的功率调节,但由于储能价格较高,目前尚未得到普及。因此，新能源场站只能通过给各发电单元下发出力上限值的方式来实现总体的有功功率调节。但由于资源的不确定性，受控的发电单元虽然能保证输出功率不大于出力上限值，而在该值以下，功率输出仍然是不确定的。同时，由于新能源场站内的发电单元受地形、位置等条件影响，同一时刻可捕获的资源也不尽相同。因此在控制过程中，难免会出现部分发电单元达不到出力上限值的要求，其他发电单元却因出力上限值的限制而无法输出更多功率的情况。当新能源场站的有功功率控制策略设置不当时，可能会因为对部分发电单元限制的过多而导致总有功功率输出小于新能源场站的发电计划，从而造成发电空间的浪费；也可能会因为对部分发电单元限制的过少而导致总有功功率输出大于新能源场站的发电计划，从而影响系统的运行安全。

现有的新能源场站有功功率控制策略主要是基于平均分配算法或按当前功率占比的分配算法。当发电单元处于受控状态时，这些分配方法都没有考虑发电单元的理论发电能力，造成发电单元的有功功率输出有时无法达到控制指令的要求，当资源变化较大时将影响新能源场站的控制精度和发电效益。因此，需要研究合理有效的新能源场站有功功率控制策略，在满足调度计划要求的同时，提高新能源场站的发电效益。下面分别以风电场和光伏电站为例介绍有功功率控制。

5.3.1.1 风电场有功功率控制的基本要求

风电有功功率自动控制子站可作为功能模块集成于风电场综合监控系统，也可新增外挂式独立系统。风电有功功率自动控制子站负责监视风电场内各风电机组的运行和控制状态，进行在线有功功率分配，响应并执行主站的调度指令或者人工指令。

风电场侧风电有功功率自动控制子站具备远方/就地两种控制方式，在远方控制方式下，子站实时追踪主站下发的控制目标；在就地控制方式下，子站按照预先给定的风电场有功功率计划曲线进行控制。正常情况下风电有功功率自动控制子站应运行在远方控制方式。

当风电有功功率自动控制处于就地控制时，风电有功功率自动控制子站与主站要保持正常通信，风电场子站上送调度主站的数据（全风电场总有功功率、风电场理论有功功率、子站的运行和控制状态等）要保持正常刷新。

5.3.1.2 风电场的有功功率控制策略

受风资源不确定性因素的制约，对风电的有功功率控制不同于常规电源发电的确定可预知控制，风电的准确控制难度较大。在控制过程中，一方面需要把握风电变化趋势及其在一定范围内的波动特性，另一方面需要权衡风电控制的精度和经济性损失，因此必须通过协调优化才能达到准确性和经济性的平衡。国内外的一些学者对风电场有功功率控制策略进行了大量的研究，并且一些有功功率控制系统已经投入应用。

基于风电机组理论发电能力预测的风电场有功功率控制策略充分考虑风电场内部各风电机组之间的差异性，采用长、短两种控制周期对各风电机组进行协调优化控制，合理安排各风电机组的启停及控制目标，在满足电网调度指令的要求下，大幅提高风电场的发电效益。同时，该控制策略考虑了风电场内存在不支持功率连续调节的风电机组（如定速异步风电机组，或因某种原因不能参与有功功率控制的风电机组等），使控制策略更适用于工程实际的需要。

1. 风电机组按参与有功功率控制的贡献进行分类

由于风电机组类型较多，导致风电场有功功率控制策略复杂，且在不同风电场之间很难通用。为此，本节按风电机组对风电场有功功率控制的贡献程度将其分为以下三类。

（1）可控可启停风电机组，此类风电机组不仅支持启停操作，同时也支持有功功率的连续调节，例如双馈风电机组和永磁直驱风电机组。由于桨距角控制等限制，此类风电机组通常都有一个最小可控目标值，要求给其下发的控制目标不得小于最小可控目标值。为保证风电机组的运行安全，风电机组将忽略小于最小可控目标值的控制命令。

（2）不可控可启停风电机组，此类风电机组仅支持启停操作，不支持有功功率的连续调节，例如定速异步风电机组。

（3）不可控不可启停风电机组，此类风电机组不参与风电场有功功率控制，例如为统计风电场限电量而被选定为标杆的风电机组，或因通信等问题不能参与有功功率控制的风电机组。

其中，第二类和第三类风电机组对风电场有功功率控制精度的影响比较大，而目前在运的第二类风电机组仍有较大占比。同时，为了便于进行限电统计，目前每个风电场都至少设立一台标杆风电机组。因此，风电场有功功率控制策略必须要考虑第二类和第三类风电机组的存在，以保证风电场有功功率控制的精度。

2. 长短周期协调的风电场有功控制策略

当风电场存在功率不可连续调节的风电机组时，由于无法对其进行出力控制，当风资源波动较大，此类风电机组的波动将严重影响风电场的有功控制精度。为平抑此类风电机组产生的波动，基于风电机组理论发电能力预测结果，提出了一种采用长、短两种控制周期进行协调控制的风电场有功功率控制策略。在控制过程中，通过实时监测调度指令、风电场总有功功率及计时器的更新情况，来判断当前是否需要进行长控制周期控制或短控制周期控制。其中，长控制周期的时间间隔为分钟级，负责预测风电场内每台风电机组下一长周期的理论发电能力，并根据预测结果，安排第一类风电机组的启停和控制目标，以及第二类风电机组的启停；短控制周期的时间间隔是秒级，负责快速调整参与短周期控制的第一类风电机组有功功率，平抑第二类和第三类风电机组产生的波动，使风电场的总有功功率满足调度指令的要求，最大限度地占用发电空间，提高风电场的发电效益。

（1）长控制周期有功功率控制。长控制周期控制将在满足以下任意一个条件时执行：接收到一个新的调度指令；计时器到达长控制周期。当以上任意一个条件满足时，长控制周期控制将按顺序执行以下步骤。

1）计算第 i 台风电机组下一长控制周期的理论发电能力 $P_{i,\text{th}}^{wt}$。通过读取风电场内每台风电机组的状态、实际功率、机舱风速等信息，采用自回归滑动平均模型对风电机组下一时刻的理论发电能力进行预测。

2）计算风电机组的启停操作。当调度指令 P_{aim}^{wf} 大于当前风电场总功率 P^{wf} 时，计算下一周期风电场的理论出力 $P_{\text{th}}^{wf} = \sum P_{i,\text{th}}^{wt}$。若 $P_{\text{th}}^{wf} < P_{\text{aim}}^{wf}$，说明目前即使不对在运风电机组进行功率限制，也无法达到调度指令值。为避免浪费发电空间，需要启动一部分风电机组。为便于以后的控制，优先

启动第一类风电机组，当第一类风电机组全部启动后，再启动第二类风电机组。当每启动一台风电机组时，需要采用该风电机组的理论出力更新 P_{th}^{wf}，直到 $P_{th}^{wf} \geq P_{aim}^{wf}$ 或无风电机组可启。若所有第一类和第二类的风电机组都启动后，仍无法达到调度指令值，则放开对所有风电机组的控制，直接执行 4）。

当调度指令小于风电场总功率时，计算下一周期风电场的最小理论出力 $P_{th,min}^{wf} = \sum P_{i,min}^{wt}$。其中，$P_{i,min}^{wt}$ 是第 i 台风电机组的最小可控目标值。若 $P_{th,min}^{wf} > P_{aim}^{wf}$，说明目前即使将在运风电机组的有功功率输出限制到最小可控目标值，风电场的总功率也将超过调度指令的要求，因此需要停运一部分风电机组。为便于以后的控制，优先停运第二类风电机组，当第二类风电机组全部停运后，再停运第一类风电机组。当每停运一台风电机组时，需要更新 $P_{th,min}^{wf}$，直到 $P_{th,min}^{wf} \leq P_{aim}^{wf}$ 或无风电机组可停运。若所有第一类和第二类的风电机组都停运后，仍无法满足调度指令的要求，则直接执行 4）并进行告警提示。

3）计算第一类风电机组的控制目标。采用基于可上调容量等比例的分配原则，对第一类风电机组进行控制目标的分配。其中，可上调容量定义为风电机组的理论发电能力与其控制目标的差值，它可以表征风电机组对控制目标执行的难易程度。当可上调容量较大时，即使对理论发电能力的预测存在部分误差，但风电机组的实际理论发电能力还是极有可能大于控制目标。因此，在运行控制过程中，风电机组的控制目标可以相对较易达到，从而保证了风电场的有功功率控制精度。但当风电机组的理论发电能力小于其最小可控目标值时，则认为该风电机组在下一个控制周期内不具备有功功率调节能力，暂时将其视为第二类风电机组，不参与本次功率目标的分配。当风电机组的理论发电能力大于其最小可控目标值时，风电机组的最大可上调容量为 $P_{i,th}^{wt} - P_{i,min}^{wt}$，第一类风电机组控制目标的计算公式为

$$P_{1ref,i}^{wt} = P_{i,min}^{wt} + \frac{P_{aim}^{wf} - \sum\limits_{j \in N_1} P_{j,min}^{wt} - \sum\limits_{j \in N_2} P_{j,th}^{wt} - \sum\limits_{j \in N_3} P_{j,th}^{wt}}{\sum\limits_{j \in N_1} P_{j,th}^{wt} - \sum\limits_{j \in N_1} P_{j,min}^{wt}} (P_{i,th}^{wt} - P_{i,min}^{wt}), i \in N_1$$

$$(5-1)$$

式中　N_1、N_2 和 N_3——第一类风电机组、第二类风电机组和第三类风电机组的总数。

对所有第一类风电机组的控制目标进行加和，可得

$$
\begin{aligned}
\sum_{i \in N_1^{wt}} P_{1\mathrm{ref},i}^{wt} &= \sum_{i \in N_1^{wt}} P_{i,\min}^{wt} + \frac{P_{\mathrm{aim}}^{wf} - \sum\limits_{i \in N_1^{wt}} P_{i,\min}^{wt} - \sum\limits_{i \in N_2^{wt}} P_{i,\mathrm{th}}^{wt} - \sum\limits_{i \in N_3^{wt}} P_{i,\mathrm{th}}^{wt}}{\sum\limits_{i \in N_1^{wt}} P_{i,\mathrm{th}}^{wt} - \sum\limits_{i \in N_1^{wt}} P_{i,\min}^{wt}} \left(\sum_{i \in N_1^{wt}} P_{i,\mathrm{th}}^{wt} - \sum_{i \in N_1^{wt}} P_{i,\min}^{wt} \right) \\
&= P_{\mathrm{aim}}^{wf} - \sum_{i \in N_2^{wt}} P_{i,\mathrm{th}}^{wt} - \sum_{i \in N_3^{wt}} P_{i,\mathrm{th}}^{wt}
\end{aligned}
$$

$$(5-2)$$

由上式可知，第一类风电机组的控制目标之和，加上第二类和第三类风电机组的理论发电能力之和，等于调度指令值。因此，采用上式进行第一类风电机组的控制目标计算，可以保证风电场的总有功功率满足调度指令的要求。此外，依据上式对第一类风电机组的可上调容量 $P_{i,\mathrm{up}}^{wt}$ 进行计算，可得

$$
\begin{aligned}
P_{i,\mathrm{up}}^{wt} &= P_{i,\mathrm{th}}^{wt} - P_{1\mathrm{ref},i}^{wt} = P_{i,\mathrm{th}}^{wt} - P_{i,\min}^{wt} - \frac{P_{\mathrm{aim}}^{wf} - \sum\limits_{j \in N_1^{wt}} P_{j,\min}^{wt} - \sum\limits_{j \in N_2^{wt}} P_{j,\mathrm{th}}^{wt} - \sum\limits_{j \in N_3^{wt}} P_{j,\mathrm{th}}^{wt}}{\sum\limits_{j \in N_1^{wt}} P_{j,\mathrm{th}}^{wt} - \sum\limits_{j \in N_1^{wt}} P_{j,\min}^{wt}} (P_{i,\mathrm{th}}^{wt} - P_{i,\min}^{wt}) \\
&= \left(1 - \frac{P_{\mathrm{aim}}^{wf} - \sum\limits_{j \in N_1^{wt}} P_{j,\min}^{wt} - \sum\limits_{j \in N_2^{wt}} P_{j,\mathrm{th}}^{wt} - \sum\limits_{j \in N_3^{wt}} P_{j,\mathrm{th}}^{wt}}{\sum\limits_{j \in N_1^{wt}} P_{j,\mathrm{th}}^{wt} - \sum\limits_{j \in N_1^{wt}} P_{j,\min}^{wt}} \right) (P_{i,\mathrm{th}}^{wt} - P_{i,\min}^{wt}), i \in N_1^{wt}
\end{aligned}
$$

$$(5-3)$$

上式的含义为：在对控制目标进行分配后，所有第一类风电机组的剩余可上调容量与其最大可调容量的占比相同。这样的分配结果保证每台风电机组对其控制目标的执行难易程度大致相同，从而有利于保证风电场有功功率的控制精度。

4）下发每台风电机组的控制目标，更新计时器。

（2）短控制周期有功功率控制。带有变流器的风电机组，如双馈风电机组和永磁直驱风电机组，可以通过变流器进行短期内功率的快速调节。

因此，在短控制周期中，可以通过对部分风电机组进行快速的功率调节，消除风电机组有功功率波动和预测误差对控制效果的影响，提高控制精度。短控制周期控制将在以下条件全部满足时执行：计时器到达短控制周期；长控制周期控制此时不执行；当前风电场总功率与调度指令的差值

大于控制阈值。当以上条件全部满足时，短控制周期控制将按顺序执行以下步骤。

1）计算需要调整的功率，即调度指令与当前风电场总功率之间的差值大于 0 时，意味着当前风电场总功率小于调度指令，需要进行功率上调操作；当差值小于 0 时，意味着当前风电场总功率大于调度指令，需要进行功率下调操作。

2）选择参与本次短控制周期的风电机组。只有具备相应调节能力的第一类风电机组才能参与本次短周期控制，具体如下。

在进行功率上调操作时，要求参与本次短控制周期的风电机组必须满足

$$P_{i,\text{up}}^{wt} = P_{i,\text{th}}^{wt} - P_i^{wt} > 0 \qquad (5-4)$$

式中　P_i^{wt}——第 i 台风电机组的实际功率，MW。

在进行功率下调操作时，要求参与本次短控制周期的风电机组必须满足

$$P_{i,\text{down}}^{wt} = P_i^{wt} - P_{i,\text{min}}^{wt} > 0 \qquad (5-5)$$

3）计算参与本次短控制周期的风电机组控制目标。在计算风电机组的控制目标 $P_{i,\text{ref}}$ 时，同样采用基于可调容量等比例的分配原则，具体如下。

在进行功率上调操作时：

$$P_{i,\text{ref}}^{wt} = P_i^{wt} + \frac{P_{\text{aim}}^{wf} - P^{wf}}{\sum\limits_{j \in N_{\text{total}}^{wt}} P_{j,\text{up}}^{wt}} P_{i,\text{up}}^{wt}, i \in N_{\text{total}}^{wt} \qquad (5-6)$$

式中　N_{total}^{wt}——参与本次短控制周期的风电机组总数。

在进行功率下调操作时：

$$P_{i,\text{ref}}^{wt} = P_i^{wt} + \frac{P_{\text{aim}}^{wf} - P^{wf}}{\sum P_{j,\text{down}}^{wt}} P_{i,\text{down}}^{wt}, i \in N_{\text{total}}^{wt} \qquad (5-7)$$

采用上述各式进行风电机组控制目标计算时，可以保证风电场的总有功功率满足调度指令的要求，并且可使参与本次短控制周期的风电机组对其控制目标的执行难易程度大致相同，从而有利于风电场有功功率的控制精度。

4）下发参与本次短控制周期的风电机组控制目标，更新计时器。

5.3.1.3　光伏电站有功功率控制的基本要求

（1）光伏电站应具备有功功率控制功能，能够接收并自动执行电网调度机构远方发送的有功功率及有功功率变化的控制指令。有功功率控制指令发生中断后光伏电站应自动执行电网调度机构下达的发电计划曲线。

（2）在光伏电站并网、正常停机及太阳能辐照度增长过程中，光伏电站有功功率变化速率应满足《光伏发电站接入电力系统技术规定》（GB/T 19964—2012）的要求。

（3）在电力系统事故或紧急情况下，光伏电站应按下列要求运行。

1）电力系统事故或特殊运行方式下，按照电网调度机构要求降低光伏电站有功功率。

2）当电力系统频率高于 50.2Hz 时，按照电网调度机构指令降低光伏电站有功功率，严重情况下切除整个光伏电站。

3）若光伏电站的运行危及电力系统安全稳定，电网调度机构可按相关规定暂时将光伏电站切除。

（4）事故处理完毕，电力系统恢复正常运行状态后，光伏电站应按电网调度机构指令并网运行，光伏电站不得自行并网。

（5）光伏电站应配合电网调度机构做好异常天气、节假日等特殊运行方式下的运行控制预案，按照调度指令控制有功功率。

5.3.1.4　光伏电站的有功功率控制策略

光伏电站 AGC 调节可采用循环扫描方式，实时扫描光伏电站出力与调度计划曲线值之间的差异，智能生成整套最优调节策略，并借助网络下发调节命令，达到对光伏电站动态跟踪调节的目的。AGC 整体控制流程如图 5-5 所示。

1. 站端 AGC 控制方式

逆变器经济运行范围阈值控制：根据逆变器经济运行的范围（例如30%～100%），通过遥调的方式，将逆变器的有功功率工作点设置为经济运行下限或者上限，避免了彻底关断一次设备，加快调节速率，达到有功

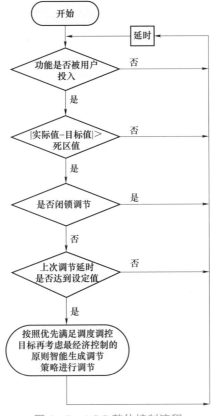

图 5-5　AGC 整体控制流程

功率调节的目的。如逆变器的额定容量是 500kW，逆变器实际的可调节范围一般是 10～500kW，逆变器一般无法下调到 0，即使 AGC 下发下调限度是 0，逆变器由于自身的设计，不会真正下调到 0，收到 0 命令，逆变器自动下调一个它认为合理的很低的值，例如 10kW。

启动/停止逆变器控制：通过遥控的方式，启动或者停止一定数量的逆变器，达到有功功率调节的目的。

2. 站端 AGC 控制原则

有功功率实时值高于目标值：控制一部分逆变器把发出的有功功率限值下调到经济运行下限，从而降低有功功率的输出。

有功功率实时值低于目标值：控制一部分逆变器把发出的有功功率限值上调到经济运行上限，从而提高有功功率的输出。

3. 站端 AGC 控制效果

由于光伏发电功率输出依赖于光照强度，所以具备不可预知性。站端 AGC 的控制一般是指限制光伏电站全站出力上限到某个数值，而不是光伏电站全站出力跟随 AGC 指令运行。

5.3.2 新能源场站无功电压控制

新能源场站多建在电网末端，新能源发电设备无功电压支撑能力较传统同步发电机组弱，使得新能源发电接入后，电网电压敏感性增强，无功支撑能力减弱，成为弱端电网。弱端电网电压支撑能力不强，无功电压问题突出，在新能源资源充沛、线路重载等极限运行工况下，风速变化等随机变化或系统运行方式改变等扰动均会导致新能源接入地区局部电网的电压大幅波动，容易诱发严重的系统安全稳定事故。

为了解决间歇式、随机性新能源大量接入给电网带来的无功电压问题，我国在新能源并网导则里面对新能源场站的运行控制提出了诸多要求，如要求新能源场站的无功电压要有一定的运行范围，并可根据电压水平或电网调度部门指令在线动态调节。

但是，电网对新能源接入的技术管理规范都是仅针对单个场站并网点的技术指标进行考核。以风电为例，在风电开发初期，由于风电场数量不多，容量较小且处于电网末端，其电压问题的影响往往局限在场站并网点附近，对网侧变电站的电压影响有限。随着风电的大规模开发，单机、单场的容量逐渐增大，往往沿着同一风带梯级建设若干风电场，集中接入电网，形成百万千瓦级甚至千万千瓦级的风电场群。风电场集中接入地区风电装机容量大，机组出力具有一定的空间耦合特性，因此其无功功率出力波动将急剧恶化局部地区的电压和无功功率状况。

河北张北地区、内蒙古灰腾梁与辉腾锡勒地区、吉林西部地区已经凸显了局部地区无功电压稳定问题。2011 年"三北"地区发生较大规模风电机组脱网事故 8 次，脱网风电机组 5447 台·次。脱网事故的原因绝大多数是由于风电机组自身不具备低电压穿越能力，在电网或者风电场故障引起的低电压情况下脱网；也有一部分风电机组由于有功功率迅速变化而无功补偿设备未及时协调控制而造成高电压保护脱网。

除上述由于事故引起的风电机组大面积脱网外，部分大型风电场由于线路过长、风电机组控制模式不合理和控制参数不合理也经常引起场内风电机组过电压或者欠电压保护脱网，导致正常运行中风电场有功功率剧烈变化，影响电力系统的安全稳定运行。

因此，新能源场站的无功电压控制对于并网地区电网的电压稳定具有重要意义。协调新能源场站内多种无功源的控制配合，可有效提高新能源并网区域电压稳定水平。

5.3.2.1 新能源场站现有无功电压调节装置

1. 并联电容/电抗器

并联电容/电抗器由继电器控制的断路器自动投切或手动投切至系统母线或变压器第三绕组上，为系统提供单向容性/感性的无功功率。优点是投资较省、运行经济、结构简单、维护方便、容量灵活、实用性强。并联电容/电抗器的缺点是：① 并联电容/电抗器补偿是通过断路器或手动控制电容/电抗器的投切实现的，调节不平滑且呈阶梯型调节，在系统中无法实现最佳补偿状态，易出现过补偿和欠补偿状态。采用并联电容器分组或并联电抗器分接头投切方式时，无功补偿效果受电容器分组数、电抗器分接头数以及单位投切容量的限制。② 投切并联电容/电抗器的真空断路器开关投切响应时间为秒级，且不宜频繁操作，因而不能进行无功负荷的快速跟踪补偿。若使用晶闸管代替真空开关，虽然能解决开关投切响应慢以及合闸冲击电流大的问题，但是不能解决无功调节不平滑以及电容/电抗器分组/抽头的矛盾。采用大规模电力电子器件也大大提高系统的造价，与其节省投资、运行经济的优点相违背。③ 并联电容器的无功功率输出与电压的平方成正比，无功补偿量在低电压时会急剧下降，不利于电压稳定，且在投入时会产生尖峰脉冲。

2. 有载调压变压器

有载调压变压器（on load tap changer，OLTC）可以在有载情况下更改分接头，其调节范围很大，通常有 7～9 个分接头可供选择。OLTC 是电力系统中重要的电压调节设施，在系统运行中可以自动改变分接头，调节变比，以维持负荷区域内的电压水平。但变压器不能作为无功电源，相反消耗电网中的无功功率，属于无功负荷之一；变压器分接头的调整不但改变了变压器两侧的电压状况，同时也影响变压器两侧无功功率的分布。在某些情况下，OLTC 按其升降逻辑改变分接头时，非但没有改善电压条件，反而会使之更加恶化，甚至认为是引起电压崩溃的重要原因之一。因此，在新能源场站并网运行时需慎重考虑 OLTC 的使用。

3. 静止无功补偿器

静止无功补偿器（static var compensator，SVC）通常由晶闸管控制的电抗器（thyristor controlled reactor，TCR）和电容器组成。由于是通过改变电抗来调节其输出的无功功率，因此可以等效为可控电抗器。SVC 与一般的并联电容器补偿装置的区别是能够跟踪电网或负荷的无功功率波动，进行无功功率的实时补偿，从而维持电压的稳定。SVC 装置中的 TCR 部分采用不可关断晶闸管，一旦晶闸管导通，必须等电流过零才能自然关断，因此 SVC 控制系统发出指令到晶闸管响应最大的延时为 10ms（半个周期），加上本身的过渡过程，整个 SVC 装置的响应时间约为 50～60ms。

4. 静止同步补偿器

静止同步补偿器（static synchronous compensator，STATCOM）的基本工作原理是将自换相桥式电路通过电抗器或者直接并联在电网上，适当地调节桥式电路交流侧输出电压的相位和幅值，或者直接控制其交流侧电流使该电路吸收或者发出满足要求的无功电流，从而实现动态无功补偿的目的。STATCOM 输出的无功功率与系统的电压成正比，所以在系统电压下降时，STATCOM 输出无功功率的能力比 SVC 强；而在系统电压升高时，STATCOM 吸收无功功率的能力比 SVC 弱。STATCOM 装置为可控电流源加串联电阻和电感支路构成，装置的固有时间常数主要由电容-电感支路的时间常数决定。STATCOM 瞬时无功功率变化的响应时间约为时间常数的 3～4 倍，约 20～30ms。

5. 变速恒频风电机组

变速恒频双馈异步风电机组和直驱永磁同步风电机组是目前风电场的主流机型，这些机型采用四象限大功率电力电子变流器与电网连接，通过变流器的控制实现了有功功率和无功功率的解耦控制，在风电机组有功功率和无功功率制约关系下，具备动态调节无功功率输出能力。

（1）直驱永磁同步风电机组。直驱型变速恒频发电机采用的是整流逆变技术，通过调节逆变器的相位角就能调节风力发电机的无功功率输出，所以直驱型变速恒频风电机组可以发出一定容量的无功功率。

（2）双馈感应异步风电机组。双馈感应风电机组是通过双向变频器对转子进行交流励磁，因此可以通过调节双向变流器励磁电流的大小达到调节双馈电机无功功率输出的目的。但是在保证有功功率输出不变的条件下输出无功功率，风电机组的视在功率会增大，风电机组的定子额定容量比风电机组不发无功功率时增大。因此，应尽量使有功功率出力较小的风电机组承担更多的无功功率输出，以充分利用风电机组变流器的容量。

6. 光伏并网逆变器

光伏并网逆变器作为光伏电池和电网之间的接口，在光伏电站起到桥梁的作用，是整个光伏并网发电系统的核心。根据旋转坐标变换原理，光伏逆变器输出电流可分为有功分量和无功分量。其中无功分量决定光伏逆变器输出无功功率，并且参考值可以按照电网调度要求来给定。但是，并网光伏逆变器的无功输出功率受功率器件、电感等部件电流容量的限制，无功功率调节必须以不超过额定电流为前提。

5.3.2.2　新能源场站现有无功电压控制方式

1. 无功功率集中补偿

集中补偿是在新能源场站出口变电站集中装设无功补偿器进行补偿，主要目的是改善整个场站的功率因数，提高出口变电站高压侧母线的电压以及补偿场站内的无功功率损耗。集中补偿存在几个问题：

（1）电容器集中投切操作对场站影响较大，开停投切过程中由于冲击涌流较大易造成设备损坏。无功补偿设备故障将影响整个场站的功率因数和系统接入点的电压稳定水平。

（2）集中补偿能够补偿整个场站的整体无功功率，但是不能解决场站内部网络的无功电压平衡。因此集中补偿比较适用于对系统影响不大，内部网络拓扑结构较简单且能适应与系统解列后孤岛运行的小型场站。

2. 无功功率分散补偿

无功功率分散补偿是采用数值或智能优化算法在合理的投资范围内选择补偿效果达到最优的若干个无功功率补偿点进行就地补偿，从而降低场站内部损耗，改善电压质量。与集中补偿相比，分散补偿具有以下优点：

（1）场站内所需的无功功率由分散安装的无功补偿装置就地供给，电能交换距离最短，提高了场站内部线路的供电能力，降低了场站内部网损。

（2）分散就地自动补偿能够实时监视场站一定区域内无功电压水平，迅速反映监控区域内的无功电压变化，并予以快速补偿。

（3）分散补偿各点可以通过一定的通信机制，相互协调，大大减小欠补偿或过补偿的概率，使整个场站的补偿效果达到最优。

5.3.2.3 新能源场站自动电压控制的基本思路

新能源场站自动电压控制（automatic voltage control，AVC）是新能源场站作为有效可控无功源参与新能源接入地区二级电压控制的基础。通过协调场站内多种不同时间常数的无功调节设备，新能源场站能够以新能源接入点作为电压控制点，以上级调度 AVC 系统的电压指令作为控制目标，当系统出现扰动引起电压波动或者电压指令发生变化时，根据相关信息动态调节场站的无功功率输出，以维持接入地区电网的电压稳定，使得场站注入电网的实际无功功率值逐渐接近电网要求的最优无功，使得全网有接近最优的无功功率电压潮流。

1. 新能源场站无功电压控制系统的控制模式

新能源场站无功电压控制的控制模式可以分为两种：① 正常控制模式：新能源场站 AVC 系统接收上级 AVC 下发的控制指令，对场站内各无功源进行调节，以保证场站输出的无功功率能够较好地满足地区电压稳定的需求。② 就地控制模式：新能源场站 AVC 系统不接收上级 AVC 系统下发的控制指令，根据设定的电压曲线值或者在人工干预下对场站进行无功电压调整。

当新能源场站 AVC 系统工作在正常模式时，上级 AVC 系统向场站 AVC 系统下发控制指令，场站 AVC 系统接收到控制指令后，通过实时计算，得到场站内各无功源的无功功率目标，并根据无功功率目标值来调节无功源的无功功率输出，完成电网无功电压闭环调整的运行方式，从而维持接入地区电网的电压安全。

当新能源场站 AVC 系统工作在就地模式时，场站 AVC 系统将自行根据历史设定的电压曲线或在人工干预下对场站进行无功电压调整。场站 AVC 系统对场内无功源的调控仍与正常模式相同，只是接收的指令不同。该方式在非正常状态使用，如场站 AVC 系统与上级 AVC 系统通信通道异常或者 AVC 系统处于调试状态等。

2. 新能源场站无功电压控制系统的结构

新能源场站 AVC 系统为了实现对场站内风电机组、光伏阵列以及升压站内电压无功功率调控设备的控制，需要具备以下若干通信接口进行数据交换，系统结构如图 5－6 所示。

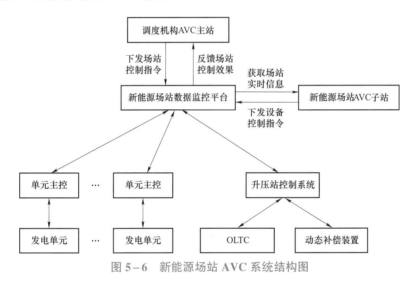

图 5－6　新能源场站 AVC 系统结构图

（1）与上级主站 AVC 系统的数据交换。场站 AVC 系统通过新能源场站数据监控平台获取上级主站 AVC 系统下发的母线电压指令值，并以此为目标对场站的无功功率进行调节。控制执行后再将母线电压实际值反馈给上级调度系统。

（2）与场站数据监控平台的数据交换。场站 AVC 系统从场站的数据采集与监视控制平台（superisory control and data acquisition，SCADA）获取

AVC 计算所需的拓扑结构及线路参数等数据。同时子站 AVC 系统将自身的状态信息输出给数据监控平台，可以通过数据监控平台来查询子站 AVC 系统的实时状态。数据监控平台将控制指令发送给子站 AVC 系统，包括 AVC 系统控制模式、AVC 投退命令等，以实现通过数据监控平台来对子站 AVC 系统进行操作。

（3）与升压站设备的数据交换。场站子站 AVC 系统通过数据监控平台获取主变压器、SVC/SVG 等的状态信息以及实时数据，并在完成优化计算后将动态补偿设备无功功率及 OLTC 分接头挡位等控制指令通过场站数据监控平台下发执行。

（4）与单元主控的数据交换。对于风电场，场站 AVC 系统所需采集的数据包括机组相关状态、机端有功功率、机端无功功率、功率因数等，可以通过通信从风电机组的主控设备上获取。对于光伏电站，场站 AVC 系统所需采集的数据包括光伏逆变器的输出有功功率、输出无功功率、功率因数等。场站 AVC 系统在完成优化计算后将风电机组/光伏逆变器的无功功率指令下发给单元主控设备，由主控设备完成对单台设备无功功率的调节。

5.3.2.4 风电场自动电压控制

目前风电场电压控制模式主要分为变电站控制模式、电厂控制模式和厂站控制模式三种。

1. 变电站控制模式

在风电技术发展的起步阶段，为了追求有功功率的最大输出和控制方式的单一简便，并网的风电机组通常是以恒功率因数 1 运行，不具备无功功率调节能力。变电站控制模式的风电场电压控制就是以风电场升压站为核心，借鉴变电站综合控制系统的经验，调节风电场主变压器分接头与升压站内集中无功补偿装置保证风电场并网点母线的电压质量。

变电站控制模式的优点是不干涉风电机组运行，易为风电场业主接受。该模式的缺陷在于：一方面，导致变速恒频风电机组快速灵活的无功功率调节能力得不到充分利用，使得风速或系统运行方式变化引起的风电场母线和接入点电压波动难以通过集中无功补偿装置来有效平抑；另一方面，随着风电场装机容量的提高，集中无功补偿装置的容量也越来越大，要求标准也越来越高，造成了很大的浪费。

2. 电厂控制模式

随着风电技术需求的提高，国内外部分变速恒频风电机组陆续开放无功电压的控制接口，支持风电机组远程功率因数控制、无功功率控制和电压控制模式，使得变速恒频风电机组的无功功率调节能力真正具有工程实用意义。电厂控制模式的风电场电压控制是利用变速恒频风电机组自身的无功功率调节能力，将风电机群综合为一个可连续控制的无功源，使其外特性上类似配有自动电压调节器的常规电厂，可以参与区域电压控制。电厂控制模式的优点是调节范围大且响应迅速，缺陷是没有考虑风电机组之间、风电机组与升压站设备之间的协调控制。电厂控制模式下单台风电机组的无功功率是在风力发电机群出力的基础上按一定原则进行分配，分配方法主要包括等功率因数法和等偏移量法。

（1）等功率因数法。等功率因数法是指各台风电机组在无功功率的上下极限范围内按照功率因数相同的原则进行分配，无功功率分配量与各台风电机组有功功率的相关性大。单台风电机组在达到出力极限后不再参与调节。采用等功率因数分配法时，风电机组的无功功率与有功功率成正比，在风电机组变流器容量不变的情况下有功功率较大的风电机组可能由于功率越限而跳机。

（2）等偏移量法。等偏移量法是指各台风电机组在无功功率的上下极限范围内按照偏移量相同的原则进行分配，在各自的可调范围内总具有相同额度的调控容量。无功功率分配量与各台风电机组的有功功率相关性小，风场内的风电机组基本上可以同时达到上下极限。等偏移量法的实质是希望每台风电机组发出或吸收的无功功率尽可能相同，因此分配给每台风电机组的无功功率与其自身的容量成正比。在并网点电压较高的情况下，馈线末端所连风电机组可能由于承担调压任务而导致机端电压越上限。

3. 厂站控制模式

厂站控制模式的风电场电压控制是综合考虑含风电场有载调压变压

器、升压站内集中无功补偿装置和变速恒频风电机群等多种无功源设备的无功电压控制,能够协调风电场内多种无功源进行电压控制。厂站控制模式首先根据分区图或规则库确定升压站内无功源的动作方案,在此基础上计算出风电机群无功功率,再采用等功率因数法和等偏移量法在风电机组之间分配无功功率。

厂站控制模式的优点是对变速恒频风电机组群(尤其是双馈风电机组)与升压站集中无功补偿设备进行协调控制,可以在较小静态补偿设备投资的前提下实现并网点电压和无功功率的连续调节,显著提高电压合格率。该模式的缺陷在于没有考虑风电机组之间的协调控制,从本质上讲仍是一种风电机组群控制,而非风电场整体控制。

变电站控制模式、发电厂控制模式和厂站控制模式都难以实现风电机组之间、风电机组与升压站设备之间的协调控制和风电场整体控制。此外,不论是等功率因数法还是等偏移量法,都是把电压控制点与各风电机组割裂开来考虑,仅通过区域内的总体无功功率需求将二者联系起来。从物理意义上来看,等功率因数法和等偏移量法相当于把整个风电场的电气连接关系简化为一个单节点系统,都没有考虑被控风电机组与并网点之间在物理紧密程度上的不同。另外,等功率因数或等偏移量分配的控制环节都是采用硬件实现的 PI 调节,控制参数一经整定即固定下来,不能随着运行点的变化而变化,只能考虑有限的运行约束。因此,风电场自动电压控制系统应借助在线更新的实时数据,考虑分散的风电机组与并网点之间的物理紧密程度,采用优化算法以软件方式求解多目标数学模型,从而取代利用硬件实现比例分配策略的 PI 调节器。这样不仅可以提高控制精度,还可以通过引入不同的目标函数来实现更多的控制目的。

5.3.2.5 光伏电站自动电压控制

并网光伏发电系统通常采用单位功率因数控制,既不从电网吸收无功功率也不发出无功功率,不参与电网的无功功率调节。当大规模光伏电站接入电网后,将大幅改变电网的潮流分布,对电网现有的无功功率控制和电压控制技术产生较大影响。同时,光伏电站参与电网无功功率调节,若采用合适的逆变器、无功补偿装置与控制策略,则可以较好地维持电网电压稳定，而且光伏电站全天参与电网无功功率调节，较目前只能白天运行的光伏电站来说资源利用率大大提高，也减少了电网相应调度资源配置，有助于进一步降低光伏发电成本。因此，电网对光伏电站参与无功调节和电压控制的需求越来越大。

　　光伏电站自动电压控制的模式与风电场类似，可参考上节，本节不再论述。

第 6 章

新能源调度技术支持系统

电网调度自动化系统是电力系统调度运行的中枢和核心，系统中所有运行单元和设备元件的信息通过自动化系统汇集，并通过一定的协调运行算法实现全系统的安全、稳定、经济运行。新能源场站也是电力系统运行的参与者之一，在新能源发电并网前，电网已经建立了支持常规电源运行的调度技术支持系统。我国新能源以大规模集中式发展为主，已规划建设9个千万千瓦级风电基地。由于新能源发电单机容量小，且出力具有随机性、波动性，为加强新能源调度运行管理、保障新能源最大化消纳、协助电网安全稳定运行，需要通过新能源调度技术支持系统的建设，将新能源像常规的火电、水电一样纳入调度运行管理。

6.1 系 统 基 本 框 架

新能源发电调度技术支持系统整体上包括两部分：电网侧技术支持系统和电站（场）侧技术支持系统。电网侧技术支持系统将所有调管的新能源场站作为整体进行管理，主要通过对全网新能源运行的监测和预测，协调全网资源进行调度和控制，实现新能源最大化消纳；电站（场）侧技术支持系统负责对场内的风电机组/光伏逆变器等设备进行运行监控和管理，并执行电网侧的安全调度指令。电网侧和电站（场）侧调度运行技术支持系统通过规范的数据接口实现数据采集、信息交互与共享，两方面协调配合支撑新能源调度，最终达到新能源电源与全网其他电源协调优化、最大化消纳新能源的目的。新能源调度运行技术支持系统框架结构如图6-1所示。

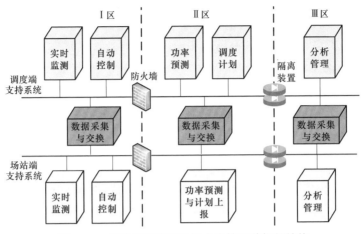

图 6－1　新能源调度运行技术支持系统框架结构

无论是电网侧新能源调度运行技术支持系统还是电站（场）侧新能源调度运行技术支持系统，均包含多个模块，并依据《电力监控系统安全防护规定》（发改委 2014 年 14 号令）部署于生产控制大区（安全区 I 和安全区 II）以及管理信息大区（安全 III 区）。电网侧的安全区与电站（场）侧安全区分别建立了相应的加密数据传输通道，并在各自部署区域实现了横向隔离、纵向加密。其中，电网侧技术支持系统包括实时监测、自动控制、功率预测、调度计划、分析管理五大类；电站（场）侧技术支持系统包括实时监测、自动控制、功率预测与计划上报、分析管理四大类；电网侧和电站（场）侧模块相互对应。

6.2　数 据 交 互 要 求

按照《风电功率预报与电网协调运行实施细则（试行）》（国能新能〔2012〕12 号）、《风电场功率预测预报管理暂行办法》（国能新能〔2011〕177 号）、《能量管理系统应用程序接口（EMS－API）第 301 篇：公共信息模型（CIM）基础》（DL/T 890.301—2004/IEC 61970－301：2003）、《电网设备通用数据模型命名规范》（GB/T 33601—2017）等文件和规范的要求，针对新能源发电功率预测、调度运行和监视分析等方面所需要的设备和数据建立模型，形成稳定和唯一的数据表示和访问的路径，并融入智能电网调度技术支持系统（D5000）的公用电网模型，促进新能源发电调度自动化专业的标准化建设。

新能源发电调度运行支持系统需交互的信息数据包括新能源场站（包括升压站）与相关调度主站交换的信息，涉及系统包括能量管理系统、广域相量测量系统、电能量计量系统、功率预测系统、图像监控系统、保护及故障信息管理系统、操作票、检修票等。

新能源场站的遥测量、遥信量，由新能源电站（场）的远动终端（RTU）以及计算机监控系统采集和传送，相关的技术指标与要求应符合《电力系统调度自动化设计技术规程》（DL/T 5003—2017）与《220～500kV 变电所计算机监控系统设计技术规程》（DL/T 5149—2001）。风电场、光伏电站实时气象数据信息以及其他信息的采集和传输，也需符合相关标准规范的要求。

6.3 电网侧系统模块功能

电网侧新能源调度运行技术支持系统功能主要包括新能源实时监测模块、功率预测模块、调度计划模块、分析管理模块，各模块包含的主要内容如图 6-2 所示。

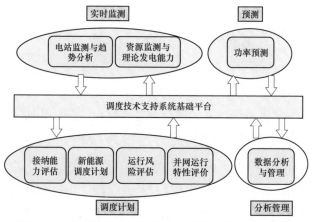

图 6-2 电网侧新能源调度技术支持系统功能示意图

6.3.1　实时监测模块

6.3.1.1　功能描述

新能源实时监测模块主要通过远动终端 RTU 采集新能源场站的"四遥"（遥信、遥测、遥调、遥控）信息，发送到调度前置机，前置机对数据进行处理和诊断，生成秒级或分钟级实时采样数据，进入实时库。实时监测模块通过读取实时库中的实时数据，并与全网可用资源和日前计划安排进行对比，给调度员提供最直观的展示信息，为实时决策提供基础数据。

实时监测模块包含两方面内容：一方面为新能源场站发电运行信息监测，另一方面为新能源资源监测与理论发电能力评估。发电运行信息监测主要实时监测电站（场）全场有功功率、无功功率、运行/待运行容量以及单个发电单元（风电机组/光伏逆变器）的运行状态、有功功率、无功功率等。资源实时监测与理论发电能力评估主要基于监测测风塔/光伏气象站以及单个风电机组上传的风速、风向、辐照度、温度等气象信息，考虑局地地形地貌对风、光资源影响，通过区域资源分布推算及理论发电能力评估，得出区域风、光资源分布与变化趋势及新能源场站理论发电功率，为调度员实时掌握气象信息和新能源发电能力提供参考。

此外，新能源实时监测模块还具有告警功能，能够对新能源场站有功功率突变、风速（辐照度）突变、控制大幅偏差、数据缺失等异常情况报警提示，提示调度员及时决策，确保系统运行安全。

6.3.1.2　数据接口

新能源监测模块输入及输出数据见表 6-1。

表 6-1　　　　　　　　新能源监测模块输入及输出数据

数据类别	类别说明	时间分辨率
（一）输入数据		
发电运行数据	新能源场站并网点、风机、逆变器等设备的运行监测数据	秒级
气象观测数据	测风塔、气象站等设备的气象观测数据	5min
设备运行状态数据	风机、逆变器、SVC 等设备的运行状态数据	秒级

续表

数据类别	类别说明	时间分辨率
短期功率预测数据	各区域及新能源场站的短期功率预测数据	15min
超短期功率预测数据	各区域及新能源场站的超短期功率预测数据	15min
新能源日前发电计划	各新能源场站日前发电计划数据	15min
新能源日内发电计划	各新能源场站日内发电计划数据	15min
（二）输出数据		
理论功率数据	各新能源场站理论功率数据	15min
告警信息	新能源功率突变、数据异常等异常情况的告警	小于30s

6.3.2 功率预测模块

6.3.2.1 功能描述

功率预测模块包括中长期（年、月）电量预测、短期功率预测和超短期功率预测，是电网运行人员协调常规电源运行、优化安排机组组合方式、预留新能源消纳空间的基础条件。

功率预测模块为中长期、日前和实时调度等不同时间尺度的需求提供对应的预测结果。其中，中长期预测为电量预测，主要为中长期计划编制和电量合同提供电量参考；短期功率预测主要提供次日0:00到未来72h的预测，为日前计划提供依据；超短期功率预测是15min滚动预测，主要提供预测时间点未来15min～4h的功率预测，为全网日前日内调度计划的滚动调整提供依据。

与负荷预测相比，新能源预测误差较大，在实际应用过程中需要重点考虑预测误差的影响。功率预测模块分析大量的历史数据，比较预测值与实际值之间的差异，统计预测误差与时间及发电功率间的分布关系，形成完整的预测误差评估体系，为调度运行人员提供了重要参考。

6.3.2.2 数据接口

新能源功率预测模块输入及输出数据见表6-2。

表6-2　　　　　　　　　　　　新能源功率预测模块输入及输出数据

数据类别	类别说明	时间分辨率
（一）输入数据		
气象预报数据	各新能源场站所在地区未来 0~72h 的数值天气预报数据	15min
气象监测数据	测风塔和气象站的气象环境观测数据	5min
实时运行数据	新能源电站有功出力、机组运行状态等数据	5min
场站短期预测上报数据	场站侧上报的未来 0~72h 的短期功率预测结果数据	15min
场站超短期预测上报数据	场站侧上报的未来 0~4h 的超短期功率预测结果数据	15min
开机容量	场站日前预测开机容量数据	15min
限电数据	场站限电标识记录	15min
（二）输出数据		
中长期预测结果数据	各场站中长期电量预测结果数据	月或年
短期预测结果数据	本模块预测的各场站短期功率预测结果数据	15min
超短期预测结果数据	本模块预测的各场站超短期功率预测结果数据	15min
场站预测上报数据	场站侧上报的短期功率预测和超短期功率预测结果数据	15min
误差统计数据	预测误差统计报表	—

6.3.3　调度计划模块

6.3.3.1　功能描述

新能源调度计划模块包含消纳能力评估、新能源调度计划、运行风险评估、并网运行特性评价四方面内容。其中，消纳能力评估子模块根据全网调峰及电网输送能力计算出各新能源关联变电站和全网各时段能够消纳新能源的最大电力；新能源调度计划优化子模块根据消纳能力评估模块的计算结果，制定各新能源场站发电计划曲线；运行风险评估子模块根据新能源计划优化结果及功率预测误差带，评估出电网应对新能源功率波动所需要的运行备用容量及相应的风险概率；新能源并网运行特性评价子模块对新能源场站并网性能指标以及历史运行情况进行综合评估，评估结果可作为新能源场站优先调度序位依据。

新能源调度计划优化子模块是调度计划模块的核心，包括中长期计划、日前计划和日内计划。中长期计划提供年度、月度可纳入电网平衡的新能源电量。日前计划给出次日 00:00～23:45 各新能源场站及区域出力的计划区间，时间分辨率为 15min，共 96 个时段。新能源日前计划在常规电源计划提供的开机方式基础上，考虑电网运行约束、优先调度序位等条件，优化各新能源场站的出力，再提交给常规电源计划进行安全校核，最终形成新能源场站日前计划，并下发执行。日内滚动计划每 15min 滚动一次，修正未来 15min～4h 新能源场站的计划出力区间，共 16 个时段。日内计划调整可修正由于日前预测误差导致的调度计划偏差，有效提高新能源利用率和电网运行安全性。另外，通过日内计划调整结果，可辅助 AGC 系统调节，尽可能使 AGC 机组运行在调节备用充足的状态。

调度计划模块通过消纳能力评估、调度计划优化子模块制定出新能源场站的计划曲线，在此基础上对新能源运行风险进行计算，评估出电网所需要的备用配置和缺备用风险概率。为调度员超前决策提供重要参考，在保障新能源优先消纳的前提下，减少由新能源发电不确定性带来的系统潜在运行风险。

6.3.3.2　数据接口

新能源调度计划模块属于非实时模块，数据时间分辨率为分钟级，主要输入及输出数据见表 6-3。

表 6-3　　　　　　　新能源调度计划模块输入及输出数据

数据类别	类别说明	时间分辨率
（一）输入数据		
检修计划	输电线路、新能源场站等检修计划	—
稳定限额	线路/断面的运行稳定限额	—
实时运行数据	系统用电负荷、新能源关联母线负荷、联络线功率、新能源场站有功功率、各常规机组实时功率等	5min
短期预测数据	新能源场站侧上报新能源功率预测及调度侧新能源功率预测、系统短期用电负荷预测、新能源关联母线短期负荷预测	15min

数据类别	类别说明	时间分辨率
超短期预测数据	新能源场站侧上报新能源超短期功率预测及调度侧新能源超短期功率预测、系统超短期用电负荷预测、新能源关联母线超短期负荷预测	15min
联络线计划	省间联络线计划	15min
常规电源开机计划	常规电源开机计划	—
调整后常规电源和新能源计划	常规电源各机组计划；各新能源场站计划	15min
（二）输出数据		
新能源中长期计划	新能源年度、月度电量计划	—
新能源日前计划	各新能源场站次日发电计划	15min
新能源日内计划	各新能源场站日内发电计划	15min
限电数据	各新能源场站限电标识	15min

6.3.4　分析管理模块

6.3.4.1　功能描述

新能源分析管理模块主要包括五方面内容：新能源资源量评估、新能源限电分析、新能源发电特性及指标统计、新能源优先调度评价和统计管理报表。该模块是掌握新能源运行特性，提升新能源调度运行管理水平不可或缺的部分。

新能源资源评估子模块主要评估不同省份/局部地区年度及多年资源水平，为掌握资源量等级及变化趋势提供参考。

新能源限电分析子模块主要分析新能源限电量，为电网优化运行和投资建设提供依据。

新能源发电特性及指标统计主要分析不同时空范围新能源发电的特性规律并统计新能源的运行指标，包括最大同时率、概率分布、最大/小波动幅度及持续时间、功率预测精度等，为电力系统规划和运行提供支撑。其中，由于新能源在实际运行过程中存在新能源场站出力受限的情况，导致限电时段内相关特性的分析和指标的计算存在偏差，模块在限电时段需要采用理论发电功率进行特性分析和指标统计。

新能源优先调度评价是促进新能源消纳的重要手段，通过收集全网运行数据，评价新能源限电情况下电网调度是否满足新能源最优先调度工作要求，如调峰受限情况下常规电源最小技术出力是否达到下限、断面受限情况下断面输送能力是否达到最大等。同时，模块采用直观、可视化的方式，对数量众多的新能源场站、常规电源和复杂的电网结构进行展示，直接反映新能源的运行情况和优先调度的评价结果。

统计管理报表是电网调度运行管理非常重要的工作，新能源特性复杂、发展迅速、政策性强，分析报表尤为重要。报表的形式和内容常常与调度运行管理制度相适应，不同时期、不同电网调度机构的报表内容不尽相同。模块以日、周、月、季、年等周期性时间尺度为基础，从电网、区域、场站等多个维度对新能源运行情况进行统计分析，主要统计的信息包括新能源场站并网基本信息、新能源发电情况、限电情况、资源情况及功率预测准确率等多个方面内容。

6.3.4.2 数据接口

新能源分析管理模块属于调度后评价模块，数据时间分辨率一般为5min 及以上，输入及输出数据见表 6-4。

表 6-4　　　　　　　　新能源分析管理模块输入及输出数据

数据类别	类别说明	时间分辨率
（一）输入数据		
实时运行数据	新能源场站有功功率、全网负荷数据等	5min
气象监测数据	测风塔和气象站的气象环境观测数据	5min
短期预测数据	新能源场站侧上报新能源功率预测及调度侧新能源功率预测数据	15min
超短期预测数据	新能源场站侧上报新能源超短期功率预测及调度侧新能源超短期功率预测数据	15min
新能源计划数据	新能源年度、月度电量计划，日前发电计划，日内发电计划	15min
限电数据	场站限电标识记录	15min
新能源场站基本信息数据	按要求上报调度机构备案	—
（二）输出数据		
报表数据	新能源运行管理报表，包括日报、周报、月报和年报等	15min
误差统计数据	预测误差统计月报	—

6.4 场站侧系统模块功能

场站侧新能源调度运行技术支持系统建设在新能源场站内，专门用于新能源场站及站内新能源发电单元的运行管理，其模块功能与电网侧系统相对应。本节以风电为例介绍场站侧系统模块功能。目前，风电机组厂家一般都提供一套风机监控系统，用于对其供货的机组进行数据采集和实时监视，但风电场内机组台数多达数十台，有时会有多个厂家的机组，而站端运行值班人员使用不同厂家的系统分别管理不同的风电机组，很难实现对所有的机组发电进行快速准确地控制和管理，无法满足调度运行控制的要求。同时，风电机组厂家自带的监控系统未考虑电力生产运行的实时性和安全性，通信协议和系统可靠性方面有些还不能满足电力安全生产的要求。新能源场站综合监控平台，为新能源场站内发电设备提供统一的监视和控制，并对新能源场站的运行情况提供分析功能，为站端的运行管理提供重要支撑。典型风电场综合监控系统信息模型示意图如图6-3所示。

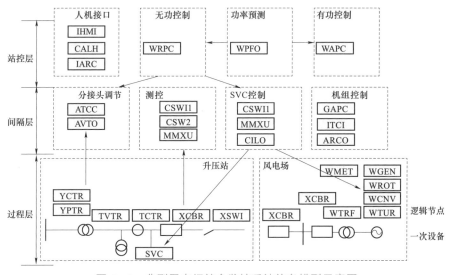

图6-3 典型风电场综合监控系统信息模型示意图

场站侧新能源调度运行技术支持系统功能主要包括实时监测模块、自动控制模块、功率预测与计划上报模块、分析管理模块。

6.4.1　实时监测模块

场站侧实时监测模块主要采集新能源发电单元（风电机组/光伏逆变器）和气象站实时信息。风电机组/光伏逆变器电气量非常多，如单台风电机组的模拟量和开关量一般在 400～1000 个，全面监视难度较大。正常运行情况下，运行值班人员主要监视风电机组/光伏逆变器有功功率、无功功率、电压、运行状态、发电量等。对于气象环境信息监视，风电场主要监视不同层高风速、风向、气温、气压、湿度等信息，光伏电站主要监视辐照度、风速、风向、气温、气压、湿度等信息。

6.4.2　自动控制模块

自动控制模块是新能源场站操作类模块，通过接收电网侧控制指令，对发电单元或设备的运行状态和发电情况进行控制，主要包含两方面内容：自动发电控制 AGC 和自动电压控制 AVC。

AGC 控制是指接收主站下发的 AGC 指令，根据新能源场站预测功率和场内发电单元状态进行有功功率的分配和设备的启停控制，可实现对机组有功功率运行上下限、可调上下限、功率变化率等参数的设置，对风电机组 AGC 和厂站 AGC 的投退控制等功能。

AVC 控制能够自动接收来自电网调度的 AVC 指令，根据新能源场站预测功率、场内发电单元状态、无功补偿装置、电容电抗及主变压器分接头状态，进行无功功率分配以及无功补偿装置投切，快速跟随主站下发的控制目标。由于新能源发电单元有功功率波动较大，新能源场站接入短路容量较小的弱端电网时，并网点电压波动较大，AVC 模块是保障并网点电压合格必不可少的模块。

6.4.3　功率预测与计划上报模块

场站侧功率预测与计划上报模块与电网侧功率预测模块和调度计划模块对接，向电网申报发电计划。场站侧同样包含中长期电量预测、短期功率预测和超短期功率预测，预测时间尺度和要求与电网侧功率预测模块功能保持一致。新能源场站申报的发电计划是场内发电设备总发电能力的预计，一般情况下，上报的计划与预测一致。

6.4.4　分析管理模块

场站侧分析管理模块主要用于对电站发电及运行情况的分析和管理，涉及电站的经济效益情况，是新能源场站运营商最关注的内容。该模块主要涉及三方面内容：新能源发电及限电分析与评估、设备运行状态分析与评估、统计管理报表。

新能源发电及限电分析与评估一方面分析全站（场）及单个发电单元的总发电量，通过对比不同发电结果，发现发电单元存在的问题，为优化设备选型提供参考；另一方面分析全站（场）新能源限电量，作为后续投资经营的参考。

设备运行状态分析与评估通过对大量长期运行数据的分析统计，发现发电单元（设备）的故障、老化情况，为设备更换、检修提供参考。主要分析指标包括累计运行时间、有效发电时间、故障次数、故障持续时间、运行效率等。

统计管理报表是电站（场）分析经营经济效益、挖掘潜在价值的重要环节。分析报表一般分为日报、月报、年报，其主要信息包括发电量、利用小时、新能源限电量（率）、最大同时率、功率预测精度等。

新能源机组寿命一般在 20 年以上，随着其投运时间的增长，数据积累量将非常大，常常需要多年数据对比分析发现设备的老化状态，采用大数据挖掘技术、数据可视化技术对场站运行情况进行分析和管理，是新能源场站综合监控平台未来发展的趋势。

6.5　技 术 支 持 系 统 实 例

6.5.1　电网侧技术支持系统实例

新能源电网侧技术支持系统一般包括新能源运行监测模块、新能源功率预测模块、新能源调度计划模块、新能源理论功率与限电分析模块、新能源优先调度评价模块、新能源运行分析模块，通过接口与智能电网调度技术支持系统（D5000 平台）进行数据交换，如图 6-4 所示。

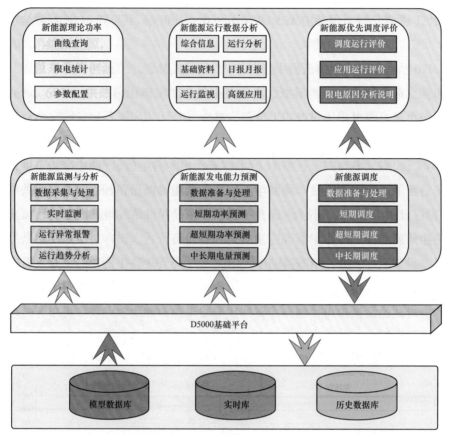

图 6-4　新能源电网侧新能源监测、预测、计划等系统软件框架

　　以某省级电网新能源调度技术支持系统为例，具备新能源运行监测、功率预测、调度计划、理论功率、优先调度评价等功能。

　　以风电为例，主要监视风电场实时运行数据，风电机组的停运、运行、等风、告警等状态以及实时机头风速、风向等，并可以查看当日运行曲线，风电机组运行监视模块截图如图 6-5 所示。

　　新能源功率预测模块主要包括短期功率预测（0～72h 预测）和超短期功率预测（15min～4h 预测）两部分，主要用于调度机构日前和日内发电计划的制订，短期功率预测模块截图如图 6-6 所示。

　　新能源调度计划模块主要包括日前计划和日内计划两部分，主要基于新能源功率预测、负荷预测、联络线计划以及常规电源最小出力等数据，

图 6-5　风电机组运行监视模块截图

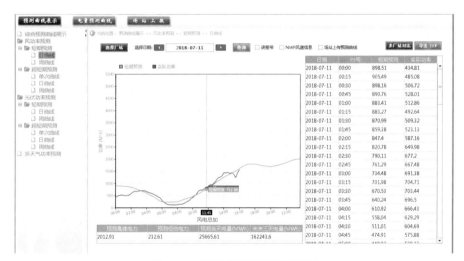

图 6-6　短期功率预测模块截图

综合考虑网络拓扑、机组发电能力和运行约束等信息，计算全网新能源消纳空间以及新能源相关变电站新能源消纳空间，依据新能源场站的调度得分等约束安排新能源场站发电计划。典型日前计划模块截图如图6-7所示。

新能源理论功率模块，主要包括理论功率计算和限电分析。通过建立理论功率模型，计算新能源场站的理论出力，结合场站的限电时段及限电原因，统计分析日、月、年的限电量。典型理论功率模块截图如图6-8所示。

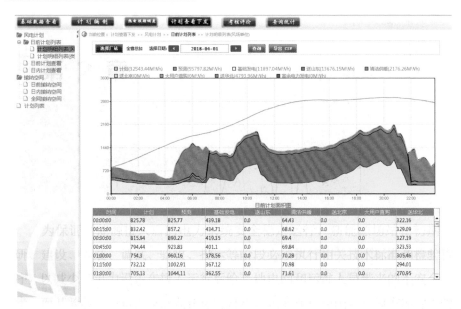

图 6-7 日前计划模块截图

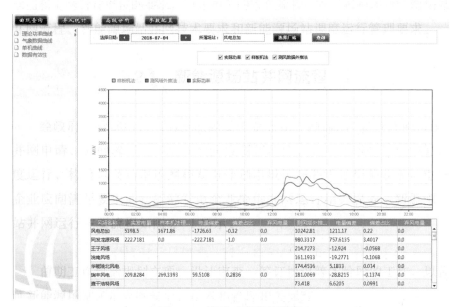

图 6-8 理论功率模块截图

新能源优先调度评价模块，主要包括调度运行评价和应用运行评价。调度运行评价是通过建立新能源发电优先调度评价模型和评价指标，客观分析新能源在受限期间的调度管理过程，评价调度工作是否满足新能源优先调度工作规范。应用运行评价是对新能源功率预测、调度计划等模块的运行情况和计算结果进行后评估，建立新能源功率预测精度、计划执行情况等评价指标模型，为调度管理人员掌握新能源相关模块运行情况提供支撑，为进一步优化功能、提高精度提供参考。新能源调度运行评价模块截图如图 6-9 所示。

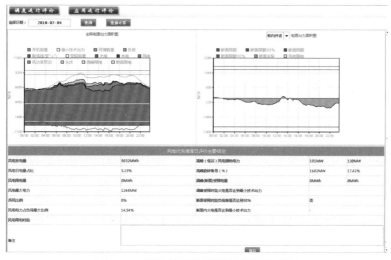

图 6-9　新能源调度运行评价模块截图

新能源运行分析模块主要实现辅助新能源调度运行的各类统计分析报表功能。各场站得分统计展示模块截图如图 6-10 所示。

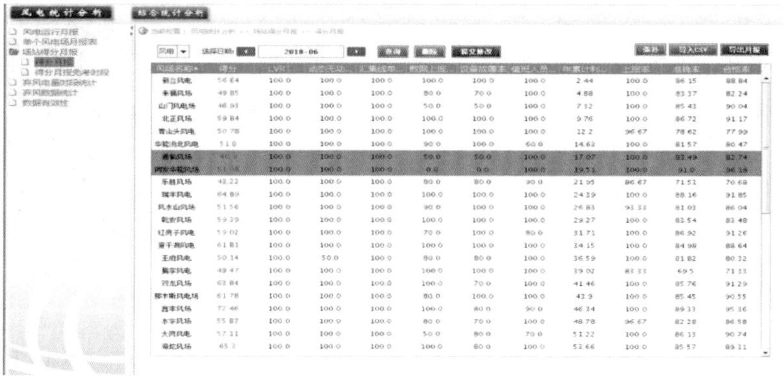

图 6-10　新能源场站得分统计展示模块截图

6.5.2　场站侧技术支持系统实例

新能源场站侧技术支持系统一般包括监控模块、预测模块、AVC 模块、AGC 模块，通过接口与平台进行数据交换，如图 6-11 所示。

图 6-11　新能源场站监测、预测与控制系统软件框架

以某风电场监控系统为例，具备综合监控、功率预测、有功功率控制、无功功率控制等功能。

综合监控主要监视风电机组实时运行情况，以及调度下发的 AGC、AVC 指令等。同时，对场内风电机组的运行情况进行控制，包括机组的启动、停止、复位、有功功率设点和无功功率设点控制等。某风电场综合监控功能主界面截图如图 6-12 所示。

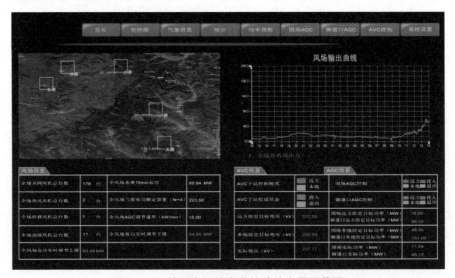

图 6-12　某风电场综合监控功能主界面截图

风电功率预测主要包括短期功率预测和超短期功率预测两部分，主要用于调度机构日前和日内发电计划的制定，某风电场功率预测功能主界面截图如图6-13所示。

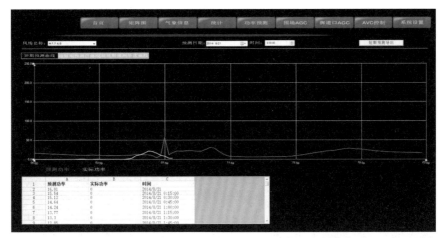

图6-13　某风电场功率预测功能主界面截图

风电场有功功率控制是指接收主站下发的 AGC 指令，根据预测功率和风电场机组状态进行有功功率的分配和机组的启停控制。可手动控制 AGC 的投入、退出、本地、远方、开环、闭环、设点、曲线等运行模式。其中，系统由远方切到本地的瞬间，AGC 会将当时的全场实际功率作为全场目标功率以避免对风机产生大扰动，之后可接收用户输入的目标值。某风电场有功功率控制功能主界面截图如图6-14所示。

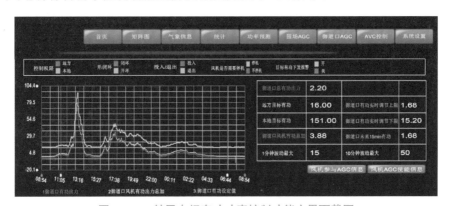

图6-14　某风电场有功功率控制功能主界面截图

风电场无功电压控制功能能够自动接收来自电网调度的 AVC 指令，并根据功率预测的结果，进行机组之间的无功功率分配以及控制风电场无功补偿装置投切，实现对风电场的无功电压控制。可手动设置 AVC 的投入、退出，设定本地、远方、开环、闭环等控制模式；系统根据风电机组目前实时的运行信息可以分配风电机组、SVC 发无功功率，在由远方切到本地的瞬间，AVC 会闭锁，之后可接收用户输入的目标值。某风电场无功功率控制功能主界面截图如图 6-15 所示。

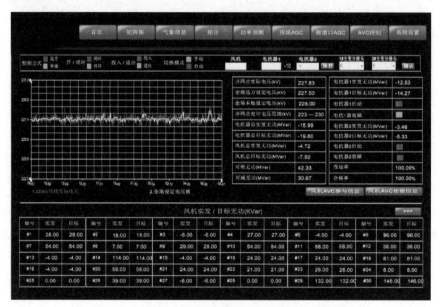

图 6-15　某风电场无功功率控制功能主界面截图

附录 A　新能源并网调度运行相关标准

序号	标准分类	标准类别	标准编号	标准名称
1	并网技术要求	国家标准	GB/T 19939—2005	光伏系统并网技术要求
2	并网技术要求	国家标准	GB/T 19962—2016	地热电站接入电力系统技术规定
3	并网技术要求	国家标准	GB/T 19963—2011	风电场接入电力系统技术规定
4	并网技术要求	国家标准	GB/T 19964—2012	光伏发电站接入电力系统技术规定
5	并网技术要求	国家标准	GB/T 29319—2012	光伏发电系统接入配电网技术规定
6	并网技术要求	行业标准	NB/T 32015—2013	分布式电源接入配电网技术规定
7	并网技术要求	国外标准	TF 3.2.5	Wind Turbines Connected to Grids with Voltages above 100kV（丹麦，接入 100kV 以上电网风电并网导则）
8	并网技术要求	国外标准	TF 3.2.6	Wind Turbines Connected to Grids with Voltages below 100kV（丹麦，接入 100kV 以下电网风电并网导则）
9	并网技术要求	国外标准		EIRGrid Grid Code Version 6（爱尔兰，爱尔兰电源并网导则）
10	并网技术要求	国外标准		Distribution Code（爱尔兰，分布式电源并网导则）
11	并网技术要求	国外标准	EU 2016/631	establishing a network code on requirements for grid connection of generators（欧盟，接入电网的发电机技术要求）
12	并网技术要求	国外标准		Technical Guideline Generating Plants Connected to the Medium Voltage Network（德国，接入中压电网发电站技术要求）
13	并网技术要求	国外标准		Transmission Code 2007–Network and System Rules of the German Transmission System Operators（德国，输电网技术要求）
14	并网技术要求	国外标准	VDE–AR–N 4105：2011–08	Technical minimum requirements for the connection to and parallel operation with low–voltage distribution networks（德国，接入低压电网发电站技术要求）
15	并网技术要求	国外标准		Nordic Grid Code 2007–Nordic collection of rules（北欧，北欧电网技术导则）

序号	标准分类	标准类别	标准编号	标准名称
16	并网技术要求	国外标准		Transmission System and Generating Equipment：Minimun design requirements，equipment，operations，commissioning and safety（西班牙，输电系统和发电设备：设备、运行、调试和安全的最低设计要求）
17	并网技术要求	国外标准		The Grid Code（英国，并网导则）
18	并网技术要求	国外标准		United States of America Federal Energy Regulatory Commission 18 Cfr Part 35 – Interconnection for Wind Energy（美国，美国风电并网要求）
19	场站监控	国家标准	GB/T 20046—2006	光伏（PV）系统电网接口特性
20	场站监控	国家标准	GB/T 20513—2006	光伏系统性能监测 测量、数据交换和分析导则
21	场站监控	国家标准	GB/T 31366—2015	光伏发电站监控系统技术要求
22	场站监控	国家标准	GB/T 33342—2016	户用分布式光伏发电并网接口技术规范
23	场站监控	国家标准	GB/T 34932—2017	分布式光伏发电系统远程监控技术规范
24	场站监控	行业标准	NB/T 31002—2010	风力发电场监控系统通信—原则与模式
25	场站监控	行业标准	NB/T 31067—2015	风力发电场监控系统通信—信息模型
26	场站监控	行业标准	NB/T 31068—2015	风力发电场监控系统通信—信息交换模型
27	场站监控	行业标准	NB/T 31069—2015	风力发电场监控系统通信—映射到通信规约
28	场站监控	行业标准	NB/T 31070—2015	风力发电场监控系统通信—一致性测试
29	场站监控	行业标准	NB/T 31071—2015	风力发电场远程监控系统技术规程
30	场站监控	行业标准	NB/T 32016—2013	并网光伏发电监控系统技术规范
31	场站监控	行业标准	NB/T 33012—2014	分布式电源接入电网监控系统功能规范
32	场站监控	行业标准	DL/T 860.7420 —2012	电力企业自动化通信网络和系统 第7–420部分：基本通信结构 分布式能源逻辑节点
33	场站监控	国际标准	IEC 61400–25–1：2006	Wind turbines – Part 25 – 1：Communications for monitoring and control of wind power plants – Overall description of principles and models（风力发电场监控系统通信–原理和模型的总体描述）

续表

序号	标准分类	标准类别	标准编号	标准名称
34	场站监控	国际标准	IEC 61400-25-2：2015	Wind turbines – Part 25-2：Communications for monitoring and control of wind power plants – Information models（风力发电场监控系统通信 – 信息模型）
35	场站监控	国际标准	IEC 61400-25-3：2015	Wind turbines – Part 25-3：Communications for monitoring and control of wind power plants – Information exchange models（风力发电场监控系统通信 – 信息交换模型）
36	场站监控	国际标准	IEC 61400-25-4：2016	Wind energy generation systems – Part 25-4：Communications for monitoring and control of wind power plants – Mapping to communication profile（风力发电场监控系统通信 – 映射到通信规约）
37	场站监控	国际标准	IEC 61400-25-5：2006	Wind turbines – Part 25-5：Communications for monitoring and control of wind power plants – Conformance testing（风力发电场监控系统通信 – 一致性测试）
38	场站监控	国际标准	IEC 61400-25-6：2016	Wind energy generation systems – Part 25-6：Communications for monitoring and control of wind power plants – Logical node classes and data classes for condition monitoring（风力发电场监控系统通信 – 用于状态监视的逻辑节点类和数据类）
39	场站监控	国际标准	IEC 61724-1：2017	Photovoltaic system performance – Part 1：Monitoring（光伏系统性能 – 监控）
40	场站调度	行业标准	NB/T 31047—2013	风电调度运行管理规范
41	场站调度	行业标准	NB/T 31065—2015	风力发电场调度运行规程
42	场站调度	行业标准	NB/T 31109—2017	风电场调度运行信息交换规范
43	场站调度	行业标准	NB/T 32025—2015	光伏发电调度技术规范
44	场站调度	行业标准	NB/T 33010—2014	分布式电源接入电网运行控制规范
45	场站调度	行业标准	NB/T 33013—2014	分布式电源孤岛运行控制规范
46	资源监测	国家标准	GB/T 30153—2013	光伏发电站太阳能资源实时监测技术要求
47	资源监测	行业标准	DL 1500—2016	电网气象灾害预警系统技术规范
48	资源监测	行业标准	NB/T 31055—2014	风电场理论发电量与弃风电量评估导则
49	资源监测	行业标准	NB/T 31079—2016	风电功率预测系统测风塔数据测量技术要求

续表

序号	标准分类	标准类别	标准编号	标准名称
50	资源监测	行业标准	NB/T 32012—2013	光伏发电站太阳能资源实时监测技术规范
51	资源监测	行业标准	QX/T 74—2007	风电场气象观测及资料审核、订正技术规范
52	资源监测	行业标准	QX/T 243—2014	风电场风速预报准确率评判方法
53	功率预测	行业标准	NB/T 31046—2013	风电功率预测系统功能规范
54	功率预测	行业标准	NB/T 32011—2013	光伏发电站功率预测系统技术要求
55	功率预测	行业标准	NB/T 32031—2016	光伏发电功率预测系统功能规范
56	功率预测	行业标准	QX/T 244—2014	太阳能光伏发电功率短期预报方法
57	场站功率控制	国家标准	GB/T 20514—2006	光伏系统功率调节器效率测量程序
58	场站功率控制	国家标准	GB/T 29321—2012	光伏发电站无功补偿技术规范
59	场站功率控制	国家标准	GB/T 33599—2017	光伏发电站并网运行控制规范
60	场站功率控制	国家标准	GB/T 36116—2018	村镇光伏发电站集群控制系统功能要求
61	场站功率控制	行业标准	NB/T 31038—2012	风力发电用低压成套无功功率补偿装置
62	场站功率控制	行业标准	NB/T 31083—2016	风电场控制系统功能规范
63	场站功率控制	行业标准	NB/T 31099—2016	风力发电场无功配置及电压控制技术规定
64	场站功率控制	行业标准	NB/T 31110—2017	风电场有功功率调节与控制技术规定
65	涉网保护	国家标准	GB/T 13539.6—2013	低压熔断器 第6部分：太阳能光伏系统保护用熔断体的补充要求
66	涉网保护	国家标准	GB/T 18802.31—2016	低压电涌保护器 特殊应用（含直流）的电涌保护器 第31部分：用于光伏系统的电涌保护器（SPD）性能要求和试验方法
67	涉网保护	国家标准	GB/T 32900—2016	光伏发电站继电保护技术规范
68	涉网保护	国家标准	GB/T 36963—2018	光伏建筑一体化系统防雷技术规范
69	涉网保护	行业标准	DL/T 1631—2016	并网风电场继电保护配置及整定技术规范
70	涉网保护	行业标准	DL/T 1638—2016	风力发电机组单元变压器保护测控装置技术条件
71	涉网保护	行业标准	NB/T 31056—2014	风力发电机组接地技术规范
72	涉网保护	行业标准	NB/T 31057—2014	风力发电场集电系统过电压保护技术规范
73	涉网保护	行业标准	NB/T 31059—2014	风力发电机组 双馈异步发电机用瞬态过电压抑制器

参 考 文 献

［1］ 舒印彪，张智刚，郭剑波，等. 新能源消纳关键因素分析及解决措施研究［J］.
中国电机工程学报，2017，37（01）：1-9.

［2］ 国家电网公司促进新能源发展白皮书［R］. 北京：国家电网公司，2018.

［3］ THOMAS A. Wind power in power systems, Second Edition［M］. John Wiley & Sons,
2014.

［4］ 刘纯，黄越辉，张楠，等. 基于智能电网调度控制系统基础平台的新能源优化调
度［J］. 电力系统自动化，2015，39（01）：159-163.

［5］ 陈树勇，戴慧珠，白晓民，等. 风电场的发电可靠性模型及其应用［J］. 中国电
机工程学报，2000，20（3）：26－29.

［6］ 王彩霞，李琼慧. 国外新能源消纳市场机制及对我国启示［J］. 中国能源，2016，
38（8）：33-37.

［7］ 薛禹胜，雷兴，薛峰，等. 关于风电不确定性对电力系统影响的评述［J］. 中国
电机工程学报，2014，34（29）：5029-5040.

［8］ 刘德伟，郭剑波，黄越辉，等. 基于风电功率概率预测和运行风险约束的含风电
场电力系统动态经济调度［J］. 中国电机工程学报，2013，33（16）：9-15+24.

［9］ 雷亚洲. 随机规划理论在风电并网系统分析中的应用研究［D］. 中国电力科学研
究院，2001.

［10］ 王海超，鲁宗相，周双喜. 风电场发电容量可信度研究［J］. 中国电机工程学报，
2005，25（10）：103－106.

［11］ 郑睿敏，李建华，李作红，等. 考虑尾流效应的风电场建模以及随机潮流计算
［J］. 西安交通大学学报，2008，42（12）：1515－1520.

［12］ 张节潭，程浩忠，胡泽春，等. 含风电场的电力系统随机生产模拟［J］. 中国电
机工程学报，2009，29（28）：34－39.

［13］ 张硕，李庚银，周明，等. 风电场可靠性建模［J］. 电网技术，2009，33（13）：
37－42.

［14］ 张硕. 计及风电场容量可信度的电力系统可靠性研究［D］. 北京：华北电力大学，2010.

［15］ ATWA Y M, ELSAADANY E F, SALAMA M M A, et al. Adequacy evaluation of distribution system including wind/solar DG during different modes of operation ［J］. IEEE Transactions on Power Systems, 2011, 26(4): 1945 – 1952.

［16］ 郑静，文福拴，李力，等. 计及风险控制策略的含风电机组的输电系统规划［J］. 电力系统自动化，2011，35（22）：71 – 76.

［17］ 孙荣富，张涛，梁吉. 电网接纳风电能力的评估及应用［J］. 电力系统自动化，2011，35（4）：70 – 76.

［18］ 张宏宇，印永华，申洪，等. 大规模风电接入后的系统调峰充裕性评估［J］. 中国电机工程学报，2011，31（22）：26 – 31.

［19］ 张宏宇，印永华，申洪，等. 基于序贯蒙特卡洛方法的风电并网系统调峰裕度评估［J］. 电力系统自动化，2012，36（1）：32 – 37.

［20］ WANG P, BILLINTON R. Time-sequential simulation technique for rural distribution system reliability cost/worth evaluation including wind generation as alternative supply ［J］. IEE Proceedings-Generation, Transmission and Distribution, 2002, 148 (4): 355 – 360.

［21］ BILLINTON R, BAI G. Generating capacity adequacy associated with wind energy ［J］. IEEE Transactions on Energy Conversion, 2004, 19 (3): 641 – 646.

［22］ KARKI R, HU P, BILLINTON R. A simplified wind power generation model for reliability evaluation ［J］. IEEE Transactions on Energy Conversion, 2006, 21 (2): 533 – 540.

［23］ 吴昊，张焰，刘波. 考虑风电场影响的发输电系统可靠性评估［J］. 电力系统保护与控制，2011，39（4）：36 – 42.

［24］ 刘德伟，黄越辉，王伟胜，等. 考虑调峰和电网输送约束的省级系统风电消纳能力分析［J］. 电力系统自动化，2011，35（22）：77 – 81.

［25］ 宋豪，宋曙光，王超，等. 抽水蓄能电站对山东电网风电接纳能力的影响［J］. 山东大学学报（工学版），2011，41（5）：138 – 142.

［26］ 蒋小亮. 风电并网对电力系统可靠性和备用影响研究［D］. 上海：上海交通大

学，2011.

[27] ZHANG N, KANG C, DUAN C, et al. Simulation methodology of multiple wind farms operation considering wind speed correlation [J]. International Journal of Power & Energy Systems, 2010, 30 (30): 264－173.

[28] WANG Y, ZHAO S, ZHOU Z, et al. Risk adjustable day-ahead unit commitment with wind power based on chance constrained goal programming [J]. IEEE Transactions on Sustainable Energy, 2017, 8 (2): 530－541.

[29] 杨硕，王伟胜，刘纯，等. 风电汇集系统暂态电压安全分析及其控制策略 [J]. 风电汇集系统暂态电压安全分析及其控制策略 [J]. 高电压技术，2017（06）：342－349.

[30] 杨硕，王伟胜，刘纯，等. 计及风电功率波动影响的风电场集群无功电压协调控制策略 [J]. 中国电机工程学报，2014，34（28）：4761－4769.

[31] 董存，梁志峰，礼晓飞，等. 跨区特高压直流外送优化提升新能源消纳能力研究 [J]. 中国电力，2019，52（4）：41－50.

[32] 董存，裴哲义，黄越辉. 中德风电并网政策和技术标准的比较研究 [J]. 中国电力，2013，46（5）：83－89.

索　引